COLOR

张晓景 编著

Web page color matching

网页 色彩搭配 设计师必备宝典

清华大学出版社

北　京

内 容 简 介

本书共分11章，从网页色彩搭配的理论知识入手，为网页配色提前做好基础知识准备。然后对基于色相和色调的具体网页配色方法，以及网页配色的选择标准、色彩感情、色彩对比、配色印象等知识进行全面讲解，着手培养读者对网页配色的感觉。最后将大量国内外的具体网站作为案例进行详细剖析，对网页配色的各种技巧和方法进行完整阐述，从而帮助设计师提高网页配色水平，完善设计作品。

本书是面向广大读者的一本网页配色书籍，适合从事网页设计或相关行业的人员使用，是设计师必备的色彩搭配学习宝典。

图书在版编目(CIP)数据

网页色彩搭配设计师必备宝典 / 张晓景　编著. — 北京：清华大学出版社，2014 (2019.7重印)

ISBN 978-7-302-37139-7

Ⅰ. ①网… Ⅱ. ①张… Ⅲ. ①网页—设计—配色　Ⅳ. ①TP393.092

中国版本图书馆CIP数据核字(2014)第146011号

责任编辑：李　磊
封面设计：王　晨
责任校对：曹　阳
责任印制：刘海龙

出版发行：清华大学出版社

网　　　址：http://www.tup.com.cn，http://www.wqbook.com
地　　　址：北京清华大学学研大厦A座　　　　　　邮　　编：100084
社 总 机：010-62770175　　　　　　　　　　　　邮　　购：010-62786544
投稿与读者服务：010-62776969，c-service@tup.tsinghua.edu.cn
质 量 反 馈：010-62772015，zhiliang@tup.tsinghua.edu.cn

印 装 者：涿州汇美亿浓印刷有限公司
经　　销：全国新华书店
开　　本：180mm×210mm　　　印　　张：10.4　　　字　　数：300千字
版　　次：2014年11月第1版　　　　　　　　　　印　　次：2019年7月第6次印刷
定　　价：69.80元

产品编号：060619-03

前　言

　　在这个信息以秒速更新的年代，网络为我们提供了最大化的信息需求。随着人们品位的不断提升，对色彩的不断挑剔，越来越多的网页配色开始注重受众的口味，网页的色彩也只有符合受众的心理预期才会吸引他们的注意力。而作为网页设计师，更要将网页配色看成一门必修的课程，投入巨大的精力来满足日益丰富的色彩美学需求。

　　我们在浏览网页时，可能会遇到不愉快的事情，五彩缤纷的网页配色会让我们感到杂乱、烦琐，单色的网页会让我们感到单调、乏味，暗淡的网页色彩会让我们感到压抑、难受，浏览这些网页所产生的不好印象并不是色彩的过错，而是网页设计者的失误，但这所导致的结果将是网站用户体验度的不断下降。

　　网页中的配色所带给浏览者的视觉感受可能不尽相同，因为涉及不同的受众心理，具体来说，色彩既有数学式的色彩模式和色标，也有物理性的光波和反射，还有心理学层面的印象和联想，更有文学性的叙事和抒情。所以在网页配色上没有对与错之分，只有合适与不合适的划分，恰当的网页配色会带给用户很好的浏览体验，不断增强浏览者对网站的依附性。

　　了解色彩的基本原理后，我们就可以制作出一个用色恰当的网页了，但仅仅这样做是远远不够的，我们还需要分析网页色彩带给人不同的感情与印象，去培养网页配色的感觉，满足浏览者真正的内心渴求。这就是本书编写所要达到的目的。

　　网页色彩的理论和分析研究与其他色彩的理论研究是共通的，过多地将注意力集中在理论分析上，会让我们感到晦涩难懂，无处实践，所以本书将重点放在网页配色的具体基础知识上。为了解释网页色彩的不同搭配理论，本书从大量成功的网页配色上汲取有效信息并进行分析，力求使知识点通俗易懂。

　　本书紧跟当前色彩的潮流趋势，汲取国内外优秀网页的优点，洞察和比较网页配色的合适与否，精选其中的网页作为本书案例，提供最具吸引力的配色方案和经验，并且知识点讲解力求专业和全面，使读者制作的网页更加接近大众的审美水平。

　　本书在讲解某种配色案例的同时，还会提供各种配色方案，方便读者参照这些配色方案制作出与案例相似的网页，真正做到网页配色不靠感觉。

　　本书由张晓景编著，另外李晓斌、解晓丽、孙慧、程雪翩、王媛媛、胡丹丹、刘明秀、陈燕、王素梅、杨越、王巍、范明、刘强、贺春香、王延楠、于海波、肖阁、张航、罗延兰、张艳飞、鲁莎莎等人也参加了编写工作。本书在写作过程中力求严谨，由于水平有限，疏漏之处在所难免，望广大读者批评指正。

编　者

目 录

第 **1** 章

网页配色预览

1.1 观察成功的网页配色

运用比较的方法观察网页配色的差异

平时浏览网页时，会觉得哪个方案都挺不错的，以至于弄不清楚自己究竟是想要传达一种怎样的需求，静下心来，仔细观察，便会发现网页之间的配色差异，尤其是在同一个网站中对两种不同的配色方案进行比较时，就会一目了然。

设计过程中没有不好的色彩，只有不恰当的配色方案，唤醒对色彩的感知能力，是提高对色彩认识和修养的第一步。这里以欢快与低调两种相反的配色印象，来说明配色之间的差异会带来怎样明显的变化效果。

灰暗色调使人感到平静、踏实，但过于沉闷。

鲜艳的色彩显得欢快愉悦

使用暖色系中接近纯色的浓重色彩，传达出愉悦、欢快的印象。

鲜艳明亮的暖色系传递华丽、欢快的印象

传递华丽、欢快的印象的配色常以暖色系为主，以接近纯色的明色调和浓色调为主。浓重的色彩组合具有大气、华丽之感，明亮的色彩组合则充满欢乐，相对于灰色和暗淡的色彩，这种颜色十分强势并吸引人的注意。

鲜艳、明亮的色彩充满活力、欢快之感。

灰暗色调使页面显得平静、低调

网页采用灰暗的色彩之后，整个氛围变得宁静和低调。

降低色彩的对比传递朴素、平静的配色印象

　　较柔和的色彩对比和色彩之间的统一可以用来表现朴素、客观和冷静的印象。由同色系或者是类似色来给网页配色，暗色调或者浊色调可强化平静的氛围，应当尽量避免鲜艳的色彩。

采用浓重而鲜艳的色调，加上网页排版上的繁复，突显了网页的华丽与丰富。

背景的浅灰色以及网页中产品的灰白色，整体给人深沉、宁静的感觉。

1.2 网页成功配色的基础

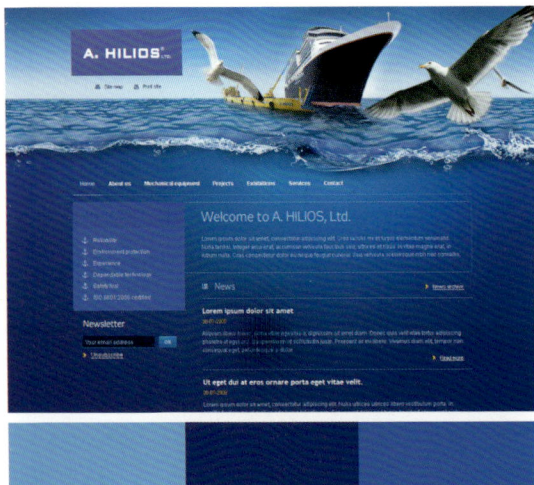

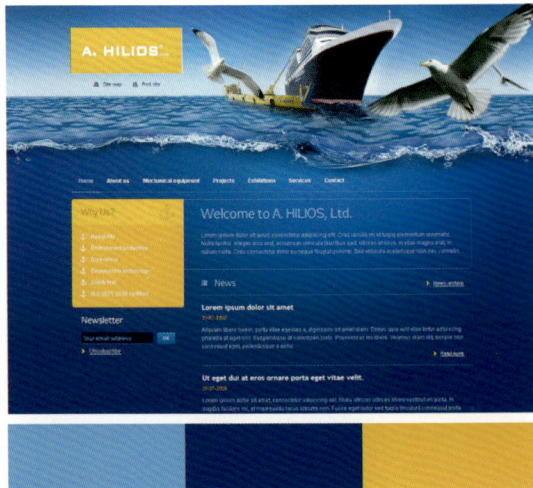

相近色显得较为单调

网页中 Logo 和内容栏中的背景色与整个网页背景色相近，页面显得单调、内敛、不够突出。

对比色充满活力

将 Logo 和内容栏中的背景色换成与网页背景截然相反的色相，视觉上形成强烈对比，增加页面活力。

对色彩属性进行改变

配色要遵循色彩的基本原理，符合一定规律的色彩才能够打动人心，给人留下深刻印象，了解色彩的属性，色彩的属性包括色相、明度和纯度。通过对色彩属性的调整，整体的配色效果会发生改变，其中所包含的因素将直接影响到网页的整体配色效果。

除此之外，色彩的面积比例和色彩的数量等因素也对配色发生着重要影响。

色彩面积影响网页配色

页面的配色以暖色黄色和冷色蓝色为主，黄色所占面积比例要多于蓝色，整体给人安全、舒适的印象。

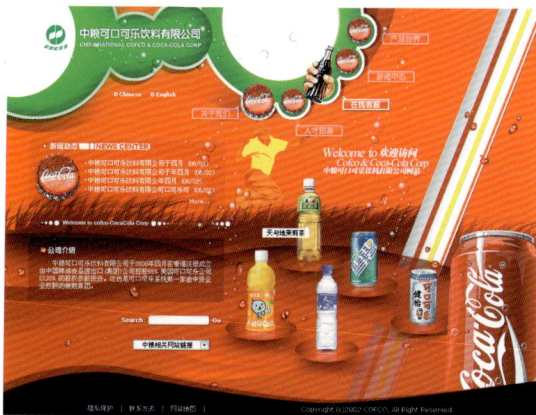

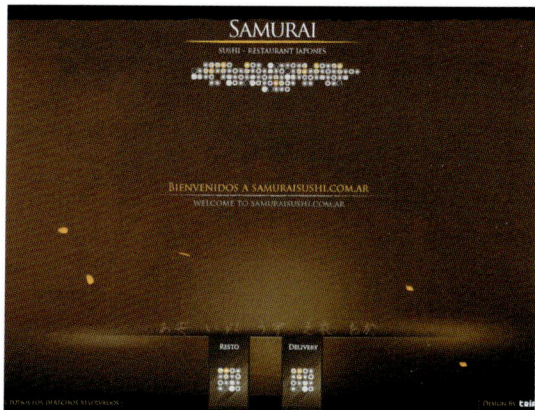

健康、活泼的色彩

健康、活泼的纯色，给人一种心潮澎湃的感觉，体现着现代潮流风格。

素净、高雅的色彩

棕色的高贵与中性色的淡雅、自然，充分表现了页面古典、高贵的气息。

遵循色彩的基本原理

　　各种不同类型的网页制作在色彩的选择上应考虑到浏览者的年龄和性别差异，从色彩的基本原理出发，进行有针对性的色彩搭配。当色彩的选择与浏览者的感觉一致时，就会增强认同感，提高网站的访问量；当色彩产生的感受与浏览者的心境不一样时，就会发生隔膜，甚至是厌恶，网站就会变得不受欢迎。

绿色代表的是一种生机和活力，能够缓解疲劳、释放压力，给页面添加一份自然的气息。

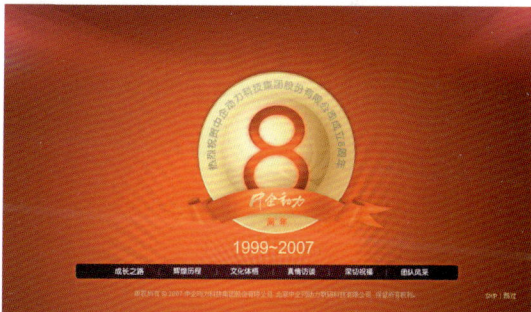

深红色的网页背景给人以喜庆、庄严的印象，金黄色的辅助色突显了网页的尊贵与荣耀。

1.2.1 要考虑网页的特点

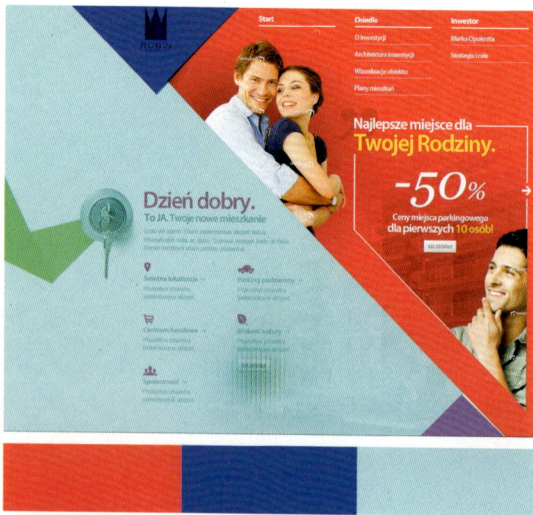

网页色彩较多

网页中的色彩较多，导致浏览者的注意力分散，多彩的网页给人一种眼花缭乱无焦点的感受。

网页配色的注意事项

　　浏览者在浏览网页时，单一的网页色调会使浏览者感到单调乏味，过多的网页配色也会使网页太过繁复和花哨，所以在进行网页配色时，应考虑网页的以下特点。

网页色彩适当

页面色彩控制在了合理的数量，色彩面积的比例分配使页面协调、统一，背景图案单一。

　　（1）网页制作的过程中，配色应尽量控制在三至四种色彩以内。

　　（2）网页背景与网页中的内容文字对比性应增强，重点是要突出网页中的文字内容，尽量不要使用花纹繁复的图案作为背景。

网页文字内容的突出

页面背景虽然使用了明度较低的深棕色，使页面太过灰暗，但是文字内容都使用了明度较高的颜色突出。

1.2.2　灵活应用配色技巧

在网页配色时，使用的颜色最好不要超过 4 种，使用过多的颜色会造成页面的繁复，让人觉得没有侧重点，一个网页必须确定一种或两种主题色，在对其他辅助色进行选择时，需要考虑其他配色与主题色的关系，这样才能使网页的色彩搭配更加和谐、美观。

同色系搭配

使用同色系进行搭配时，通过改变其不同的明度和饱和度来对网页中的不同区域进行划分。

相近色搭配

浅红色、浅蓝色、浅黄色所组成的相近色搭配的网页，它们的明度和纯度基本一致和协调。

使用同色系或相近色进行搭配

确定一种网页的主色调，调整其透明度和饱和度，产生不同的新色彩，使用在网页的不同位置，这样可以使页面色彩统一，又具有层次感。相近色可以理解为在感官上颜色比较接近的色彩。

相近色的统一、协调

黑色、深紫色与灰色三种在感官上相近的色相组成网页的基本配色，使网页在视觉上统一、协调。

冷暖色对比

页面中的冷暖色值对比既可以避免冷色所带给人的冷漠，又可以避免暖色所带来的过度愉悦的感受。

黑白灰三色的配色

黑白灰三色的页面给人一种平静、严谨的印象，内容中的红色文字让页面有了一种跳跃感。

对比色或黑白灰三色的色彩搭配

确定一种网页的主色调，选择它的背景色，用于在网页中与主色彩进行对比，形成视觉上的差异，能丰富整个页面色彩。黑白灰三色可以和任何一种颜色进行搭配，且不会让人感到突兀，能使画面和谐。

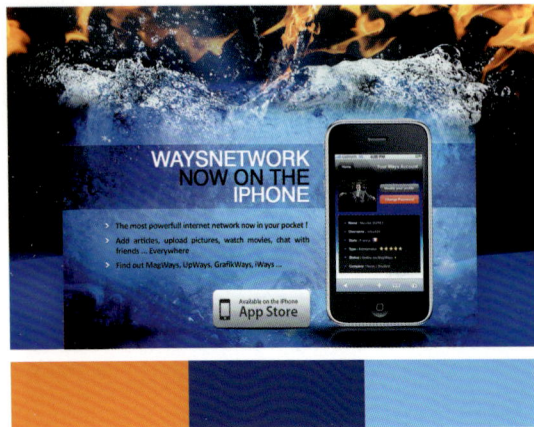

整个页面的冷暖色对比所造成的视觉冲击力非常具有刺激性，页面宣传力度强。

黑白灰三色可以和任意颜色值进行搭配，在页面中不会造成视觉上的冲突，使页面更和谐。

1.2.3　避免配色的混乱

网页配色时，可考虑增加色相的种类来使页面充满活力，但也容易引起画面的繁杂。

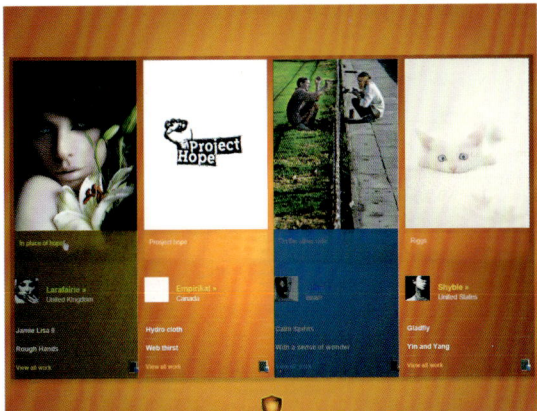

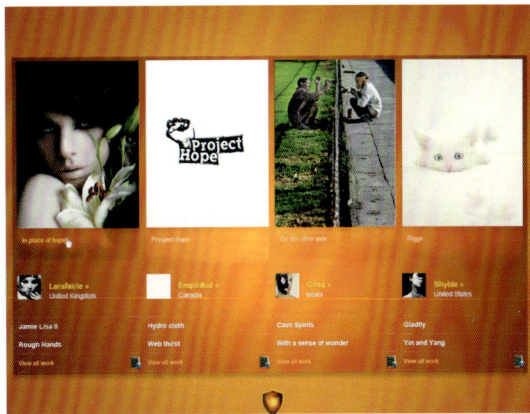

色相过多显得繁杂

色相过多，使画面的配色显得比较混乱，虽然充满活力，但却显得较为繁杂。

相近色使页面显得较为稳定

将网页中的辅助色向主体色黄色靠拢，使网页整体呈现统一、协调的效果。

相近色彩配色使页面变得协调统一

网页配色时，色相过多所导致的页面活力过强，有时会破坏页面的配色效果，呈现混乱的局面。

将色相、明度和纯度的差异缩小，彼此靠近，就能避免出现混乱的配色效果，在沉闷的配色环境下可以增添配色的活力，在繁杂的环境下使用统一、相近的配色，这是进行配色活动的两个主要方向。

每个网页页面的颜色都有主色和辅助色之分，减弱可以收敛的辅色，留下要突出的主色，这样网页的主题就会鲜明起来，不至于在混杂的配色情况下喧宾夺主。

色相范围过宽导致色相产生混乱，给人一种繁杂、错乱的印象。

首先确定一种主色调，随后根据主色调的色值，减弱可以收敛的辅色值，使辅色值不至于喧宾夺主。

1.3 打动人心的网页配色

清爽的色彩印象
天蓝色和淡蓝色组成的配色对比感不强，使页面显得清新、凉爽。

与浏览者一致的网页配色才能让人产生好感

浏览者在浏览网页时，在浏览内容的同时，对网页色彩的需要不是没有目标的，一定是有某种印象需要通过颜色来传达。

鲜艳的暖色表达一种热烈、欢快的印象；柔和的冷色传达一种沉静、安稳的印象。此外，浪漫的、厚重的、自然的、都市的、现代的与古典的，这些不同的印象需要不同的色彩搭配进行传达。

如果配色与头脑中的这些印象不一致，那么网页中的配色无论如何精彩，都不会吸引关注，只有好的配色才能打动人心。

温暖的色彩印象
黄色和绿色给人一种温暖、安全、自然的印象。

厚重的色彩印象

网页背景的暗色调表现出一种厚重的印象，使页面有一种严肃、谨慎感。

配色也存在让人产生共鸣的方法

　　配色时精确地表现一种印象不是一件容易的事，这需要很强的审美能力和经验，但在配色的过程中，我们有许多共鸣之处。当我们看到粉红色时，会有可爱、浪漫的感觉；看到深蓝色时，会有忧郁的感觉；看到灰色时，会有理性、现代的感觉。

　　色彩有色相、明度和纯度等属性，这些属性的不同状态，都传达着不同的色彩印象。将这些属性尺度化，就能轻松表达网页所传达给浏览者的印象。

冷峻的色彩印象

蓝灰色的背景给人一种冷静、理性的感受，黑色的加入给人一种神秘的印象，整体页面让人感到冷峻。

1.4 网页配色的常见问题

　　在制作网页的过程中，尽管在初期掌握了一定的色彩理论，但是在实际进行配色时，难免会出现一些问题，总是觉得配色不够完善。下面对网页配色中经常遇到的问题进行总结和归纳，为读者提供参考。

1.4.1 培养色彩的敏感度

　　希望能够对色彩运用自如，不单单只靠敏锐的审美观，即使没有任何美术的底子，只要做到常收集和记录，一样能够有敏锐的色彩感。

　　可以尽量多收集生活中喜欢的色彩，无论是数码的、平面的、各式各样的材质，然后将所收集的素材，依照红、橙、黄、绿、蓝、靛、紫、黑、白、灰、金、银等不同的色系分门别类，这就是最好的色彩资料库，以后在需要配色时，就可以从色彩资料库中找到适当的色彩与质感。

充满活力的配色

使用明度很高的浅黄色背景体现出温馨的感觉，搭配高纯度的黄色和绿色，显得年轻，富有激情和活力。

色彩明暗也很重要

　　也要训练自己对色彩明暗的敏感度，色相的协调虽然重要，但要是没有明暗度的差异，配色也不会美。在收集色彩素材时，可以同时测量一下它的亮度，或者制作从白色到黑色的亮度标尺，记录该素材最接近的亮度值。

　　运用以上提供的两种方法，日积月累，对色彩的敏锐度也就会越来越强了。

时尚感的配色

使用低明度的蓝色与橙色搭配，搭配高明度的蓝色和橙色线条，使网页背景充满现代感和时尚气息。

1.4.2　通用配色理论是否还适用

尝试新鲜感的配色

　　在浏览各种不同的网页设计时，会发现很多设计已经不能使用原先的配色原则去套用，特立独行的风格形象主题更令人印象深刻。

　　不为传统配色理论所束缚，去尝试风格新鲜的网页配色，这是因为时代变迁所带给人们思想观念的转变，将完全不符合原则的色彩搭配在一起，就能够创造出与众不同的视觉感。

　　但不是说完全摆脱传统的配色模式，而是在了解了美的范畴的原则后，能够跳出过去配色方式的一种局限。

传统的配色

　　传统配色的网站能在视觉上直接传达它所要表达的主题，含义明确，留给人的印象和带给人的感受往往是比较鲜明的。

13

1.4.3　配色时应该选择双色和多色组合

单个颜色的明暗度组合，给人的统一感会很强，容易让人产生印象；双色组合会使颜色层次明显，让人一目了然，产生新鲜感。多色组合会让人产生愉悦感，丰富的色彩也会使人更容易接受，在色彩的排列上，也会因顺序的变化，给人截然不同的感觉。

如果想让人产生新奇感、科技感和时尚感，那么采用特殊色，如金色、银色，就能够产生吸引人的效果。

1.4.4　尽可能使用两至三种色彩进行搭配

　　虽然在网页配色时多色的组合能让人产生愉悦，但是考虑到人的眼睛和记忆只能存储两到三种颜色，过多的色彩可能会使页面显得较为复杂、分散。相反越少的色彩搭配能在视觉上让人产生印象，也便于设计者的合理搭配，更容易让人们接受。

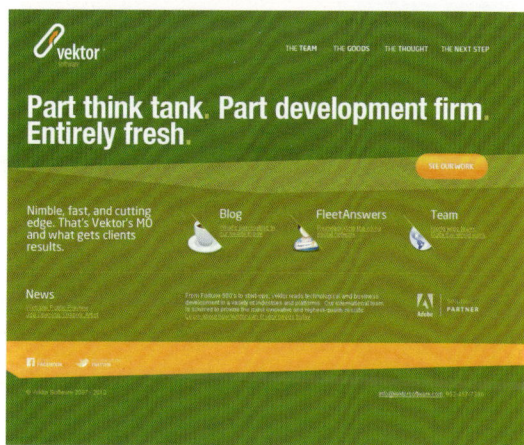

1.4.5　如何快速实现完美的配色

在进行网页配色时，可以试着联想某个具体物体的色彩印象，从物体色彩出发，例如想表现出一种清凉舒适的感觉，可以联想到水、植物以及其他有生机和活力的东西，这样在你的脑海中浮现的代表颜色就有蓝色、绿色、白色，然后可以把这些颜色挑选出来加以运用。

选定色彩时，确定一个页面的主色调，再配一两个合适的辅助色，如果想要呈现一种沉着、冷静的感觉，应以冷色调当中的蓝色为主。

同样的配色在面积、比例和位置稍有不同时，带给人们的感觉也会不同，在制作时可以考虑多种配色组合，挑选效果最佳的配色色彩。

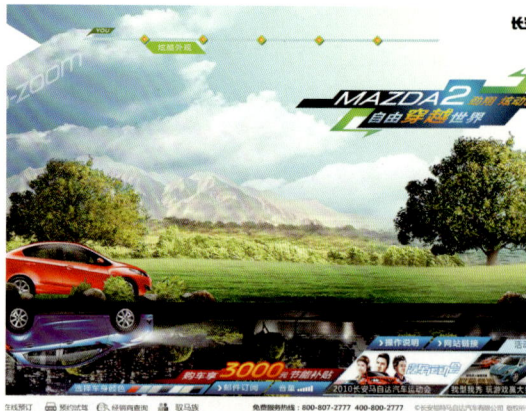

清凉舒适的配色

蓝天、白云、草地这些都是大自然中的色彩，将其应用到网页配色中，可以体现自然、清新和舒适的感受。

沉着冷静的配色

蓝色给人冷静、悠远、沉着的印象，使用同色系的蓝色进行色彩搭配，非常适合科技企业。

色彩比例的不同

使用大面积的中灰色作为网页背景色，搭配面积比较不同的紫色和蓝色，表现出时尚感和科技感。

第2章

为网页配色做好准备

2.1 色彩入门知识

人类赖以生存的地球上，色彩随时随地都在刺激着人们的视觉神经，由此对人们的情绪变化产生影响。如果世界上没有光，那么人类所看到的一切都是黑色的。正是因为有了光，人类所感知的色彩才会出现。

2.1.1 色彩的产生

色彩是光照射在物体上而反射到人眼的一种视觉效应。

我们日常所见到的白光，实际上是由红、绿、蓝三种波长的光组成，物体经光源照射，吸收和反射不同波长的红、绿、蓝光，经由人的眼睛，传达到大脑形成了我们所看到的各种颜色，也就是说，物体的颜色就是它们反射的光的颜色。

从人类依据视觉经验得知，既然光是色彩存在的必备条件，那么就应当了解色彩产生的实际理论过程。

光源（直射光）——物体（反射光、投射光）——眼（视神经）——大脑（视觉中枢）——产生色感反应（知觉）。

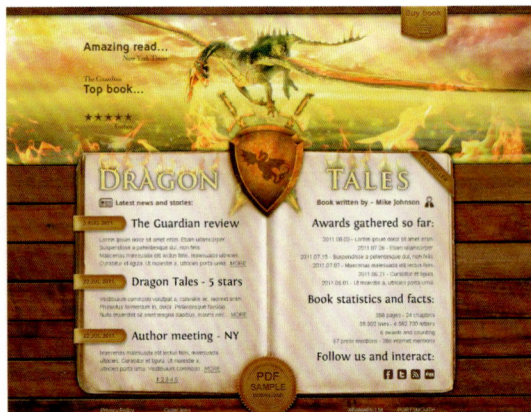

色彩作为视觉信息，无时无刻不在影响着人类的正常生活。美妙的自然色彩，刺激和感染人们的视觉和心理情感，提供给人们丰富的视觉空间。

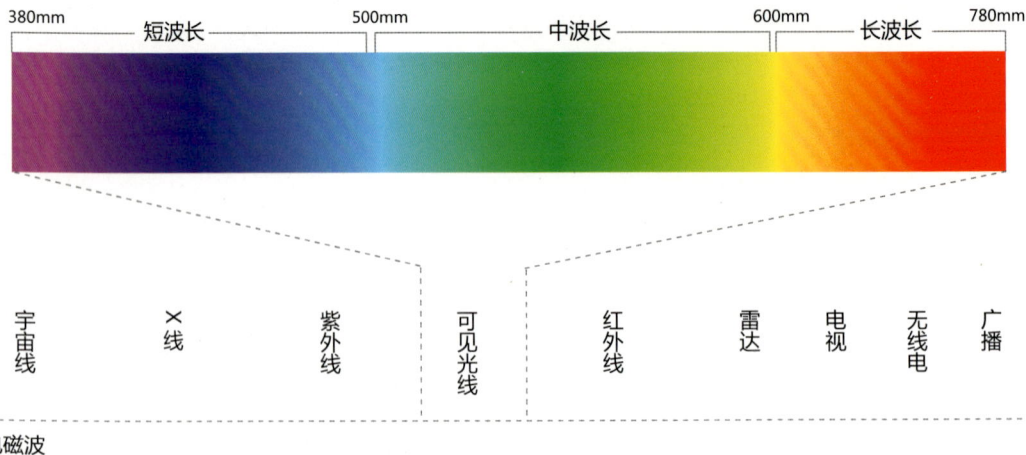

| 380mm | 短波长 | 500mm | 中波长 | 600mm | 长波长 | 780mm |

宇宙线 ╳线 紫外线 可见光线 红外线 雷达 电视 无线电 广播

电磁波

2.1.2　光源色与物体色

　　凡是自身能够发光的物体都被称为光源，一种是自然光，主要是太阳光；另一种是人造光，如灯光、烛光等。物体色是与照射物体的光源色、物体的物理特性有关。可见，光源色和物体色有着必然的联系。

原图效果　　　　　　　　　红光照射效果　　　　　　　　绿光照射效果

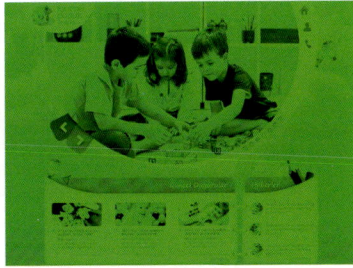

光源色

　　不同的光源发出的光，由于光波的长短、强弱、光源性质的不同，而形成了不同的色光，被称之为光源色。同一物体在不同的光源下将呈现不同的色彩，例如一面白色的背景墙，在红光的照射下，背景墙呈现红色；在绿光的照射下，背景墙呈现绿色。

物体色

　　物体色是指物体本身不发光，而是光源色经过物体的吸收反射，反映到视觉中心的光色感觉。如建筑物的颜色、动植物的颜色等。而具有透明性质的物体所呈现的颜色是由自身所透过的色光决定的。

　　物体可以分为不透明体和透明体两类，不透明体所呈现的色彩是由它反射的色光决定的，而透明体所呈现的色彩是由它所能透过的色光决定的。

2.2 RGB 颜色和 CMYK 颜色的区别

RGB 颜色——显示器色彩原理

　　显示器的颜色属于光源色。在显示器屏幕内侧均匀分布着红色（Red）、绿色（Green）和蓝色（Blue）的荧光粒子，当接通显示器电源时显示器发光并以此显示出不同的颜色。

　　显示器的颜色是通过光源三原色的混合显示出来的，根据 3 种颜色内含能量的不同，显示器可以显示出多达 1600 万种的颜色（当显示支持 24 位真彩色以上时）。

　　也就是说显示器的所有颜色都是通过红色（Red）、绿色（Green）和蓝色（Blue）三原色的混合来显示的，我们将显示器的这种颜色显示方式统称为 RGB 色系或 RGB 颜色空间。

　　显示器颜色的显示是通过红色（Red）、绿色（Green）和蓝色（Blue）三原色的叠加来实现的，所以这种颜色的混合原理被称为加法混合。

　　当最大能量的红色（Red）、绿色（Green）和蓝色（Blue）光线混合时，我们所看到的将是纯白色。例如在舞台四周有各种不同颜色的灯光照射着歌唱中的歌手，但歌手脸上的颜色却是白色，这种颜色就是通过混合最大能量的红色（Red）、绿色（Green）和蓝色（Blue）光线来实现的。

　　通过下面的图形，我们可以直观地观察到在混合最强的红色（Red）、绿色（Green）和蓝色（Blue）时能够得到的颜色。

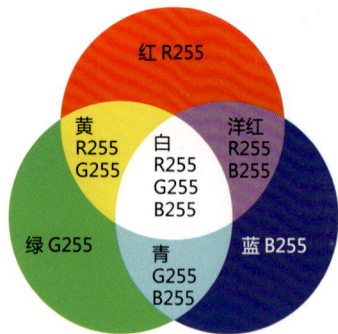

　　当三原色的能量都处于最大值（纯色）时，混合而成的颜色为纯白色。但通过适当调整三原色的能量值，能够得到其他色调（亮度与对比度）的颜色。

红色（Red）+ 绿色（Green）= 黄色（Yellow）
绿色（Green）+ 蓝色（Blue）= 青色（Cyan）
蓝色（Blue）+ 红色（Red）= 洋红（Magenta）
红色（Red）+ 绿色（Green）+ 蓝色（Blue）= 白色（White）

　　RGB 模式的色彩只是在计算机屏幕上显示，不用打印出来，颜色千变万化，我们经常可以在网络上观看到各种五彩缤纷的网页设计和广告设计，给人视觉的享受。

　　在日常生活中我们并不会过多地提及 RGB 颜色体系的概念，所以大家或许有一些陌生。但因为网页设计中都需要使用 RGB 颜色模式，所以希望大家能够完全掌握相关的内容。

CMYK 颜色——印刷颜色混合原理

　　打印到纸上的颜色是通过打印机内置的三原色和黑色来实现的，而打印机内置墨盒的三原色是指洋红（Magenta）、黄色（Yellow）和青色（Cyan），这与显示器的三原色不同。我们穿的衣服、身边的广告画等、都是物体色，而打印的颜色也是物体色。当周围的光线照射到物体时，有一部分的颜色被吸收而余下的部分会被反射出来，反射出来的颜色就是我们所看到的物体色。因为物体色的这种特性，物体色的颜色混合方式称为减法混合。当混合了洋红（Magenta）、黄色（Yellow）和青色（Cyan）3 种颜色时，可视范围内的颜色全部被吸收而显示出黑色。

　　我们曾经在小学美术课堂上学习过红黄蓝三原色的概念，这里所指的红黄蓝准确地说应该是洋红（Magenta）、黄色（Yellow）和青色（Cyan）3 种颜色。而通常所说的 CMYK 也是由洋红（Magenta）、黄色（Yellow）和青色（Cyan）3 种颜色的首字母加黑色（Black）的尾字母组合而成的。

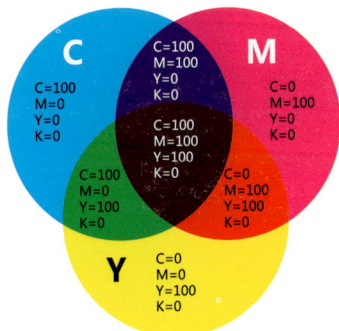

　　虽然现在的书本杂志和图像设计都是使用计算机设计制作，但是在制作成印刷品之前，只是凭借着计算机屏幕上所显示的图像，并没有办法去掌握印刷出来的成品效果，所以在制作 CMYK 印刷品时，最好是比照专用的 CMYK 色表。

洋红（Magenta）+ 黄色（Yellow）= 红色（Red）
黄色（Yellow）+ 青色（Cyan）= 绿色（Green）
青色（Cyan）+ 洋红（Mangenta）= 蓝色（Blue）
洋红（Magenta）+ 黄色（Yellow）+ 青色（Cyan）= 黑色（Black）

加法混合

　　颜色的混合将提高混合后颜色的亮度。例如在混合红色（Red）和绿色（Green）时得到的黄色（Yellow）亮度要比原色——红色（Red）和绿色（Green）的亮度高，所以在混合红色（Red）、绿色（Green）和蓝色（Blue）3 种颜色时，将得到最亮的颜色——白色（White）。

减法混合

　　颜色的混合将降低混合后颜色的亮度。例如在混合洋红（Magenta）和黄色（Yellow）时得到的红色（Red）亮度要比原色——洋红（Magenta）和黄色（Yellow）的亮度低，所以在混合洋红（Magenta）、黄色（Yellow）和青色（Cyan）时，将得到最暗的颜色——黑色（Black）。

2.3　色彩的属性

要理解和运用色彩，必须掌握进行色彩归纳整理的原则和方法。而其中最主要的是掌握色彩的属性。世界上的色彩千差万别，几乎没有相同的色彩，但只要有色彩的存在，每一种色彩就会同时具有三个基本属性：色相、明度和纯度。它们在色彩学上称之为色彩的三大要素或色彩的三属性。

使用有彩色搭配的网页。有彩色是指红、黄、蓝等带有颜色的色彩，可以表现出不同的色彩印象和效果。

使用无彩色搭配的网页。无彩色是指黑、白、灰等不带颜色的色彩，即反射白光的色彩。

无彩色与有彩色

色彩可分为无彩色和有彩色两大类。无彩色包括黑、白和灰色，有彩色包括红、黄、蓝等除黑、白和灰色以外的任何色彩。有彩色就是具备光谱上的某种或某些色相，统称为彩调。相反，无彩色就没有任何彩调。

无彩色有明有暗，表现为白、黑，也称色调。有彩色表现很复杂，但可以用三组特定值来确定。其一是彩调，也称为色相；其二是明暗，也称为明度；其三是色强，也称为纯度或彩度，明度或彩度确定色彩的状态。色相、明度和纯度称为色彩的三属性。明度和色相合并为二维的色状态，称为色调。有些人把明度理解为色调，这是不全面的。

色相

色相是指色彩的相貌，是区分色彩种类的名称，是色彩的最大特征。各种色相是由射入人眼的光线的光谱成分决定的。

在可见光谱中，红、橙、黄、绿、蓝、紫每一种色相都有自己的波长与频率，它们从短到长按顺序排列，就像音乐中的音阶顺序，有序而和谐，光谱中的色相发射出色彩的原始光，它们构成了色彩体系中的基本色相。

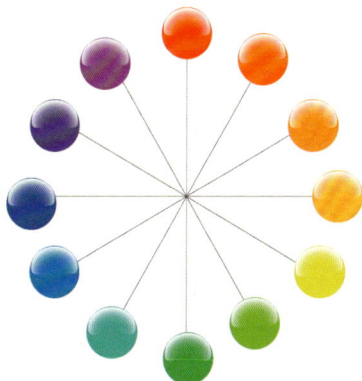

色相可以按照光谱的顺序划分为：红、红橙、黄橙、黄、黄绿、绿、绿蓝、蓝绿、蓝、蓝紫、紫、红紫 12 个基本色相。

明度

明度是眼睛对光源和物体表面的明暗程度的感觉，主要是由光线强弱决定的一种视觉经验。

色彩的明亮程度就是常说的明度。明亮的颜色明度高，暗淡的颜色明度低。明度最高的颜色是白色，明度最低的颜色是黑色。

纯度

纯度也称为饱和度，是指色彩的鲜艳程度，表示色彩中所含色彩成分的比例。色彩成分的比例越大，则色彩的纯度越高；含有色彩的成分比例越小，则色彩的纯度越低。从科学的角度看，一种颜色的鲜艳度取决于这一色相发射光的单一程度。不同的色相不仅明度不同，纯度也不相同。

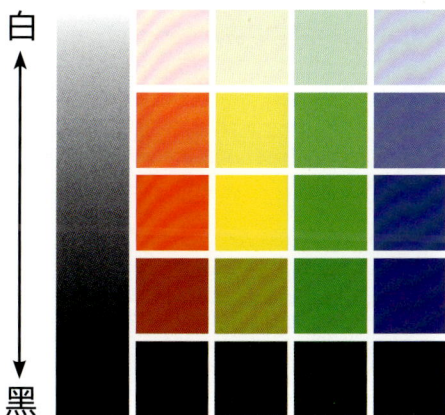

色彩的明度变化，越往上的色彩明度越高，越往下的色彩明度越低。

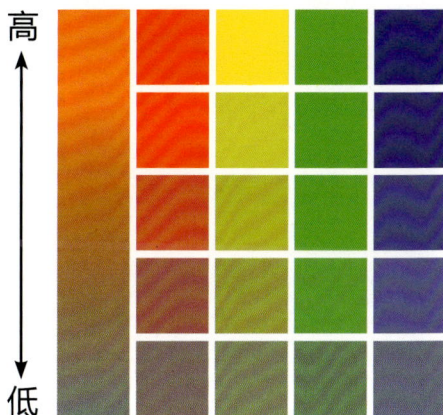

从上至下色彩的纯底逐渐降低，上面是不含杂色的纯色，下面则接近灰色。

2.3.1　色相

暖色系配色

以红色为主色调，搭配橙色和黄色等暖色调，给人一种喜庆、热闹的氛围，并且能够增强人们的食欲。

认识色相环

12 色相的色调变化，在光谱色感上是均匀的。如果进一步找出其中间色，便可以得到 24 色相。基本色相间取中间色，即得到 12 色相环，再进一步便可得到 24 色相环。在色相环的圆圈里，各色相按不同色度排列，12 色相环每一色相间距 30°，24 色相环每一色相间距为 15°。

色相搭配

在色相环上相对的颜色搭配称为对比色配色，例如红色与绿色的对比；相互靠近的颜色搭配称为邻近色配色，例如红色与橙色的配色。相同色相不同纯度和明度的颜色搭配称为同色系配色，例如红色与粉红色或深红色配色。

对比色配色

使用色相环中相对应的颜色搭配，使页面产生强烈冲突，突出主题。

同色系配色

使用不同明度和纯度的蓝色进行搭配，体现出页面的清新和品质感。

什么是色彩冷暖

　　冷暖，原本是人的皮肤对外界温度高低的感觉。色彩的冷暖感觉是物理、生理、心理及色彩本身等综合因素决定的。如看到阳光或火光时会感到温暖，站在雪地上或阴影里会感到寒冷。这种生理、心理及条件反射等方面的因素，都会促使人看到红、橙、黄色感到暖，看到蓝、蓝紫、蓝绿色感到冷。

暖极

暖色

中性微暖色

冷极

冷色

中性微冷色

冷色系配色

以蓝色为主色调，搭配绿色、深蓝色等冷色调，让人感觉清凉、清澈。

色相差的效果

　　色相差较小，能够给人平和、稳健的感觉；色相差较大，画面效果突出，充满张力。

色相差较小

使用邻近色进行配色，给人页面整体统一的印象，让人感觉平和、稳健。

色相差较大

页面顶部导航菜单与页面的主体色调形成强烈的色相对比，给人视觉冲击。

2.3.2 明度

明度差异大的配色

使用明度差异大的色彩进行搭配，提高主体对象的清晰度，有强烈的力度感和视觉冲击力。

认识明度

明度不仅取决于物体的照明程度，而且取决于物体表面的反射系数。如果我们看到的光线来源于光源，那么明度取定于光源的强度。如果我们看到的是来源于物体表面反射的光线，那么明度取决于照明光源的强度和物体表面的反射系数。

同样的纯色根据色相的不同，明度也不尽相同，例如黄色明度很高，接近白色，而紫色的明度很低，接近黑色。

明度的表现

色彩的明度和它表面色光的反射率有关，物体表面的反射率越大，对视觉的刺激就越大，看上去就越亮，物体的明度就越高。明度最适合表现物体的立体感、空间感及重量感。

明度基调

为了细致地研究色彩的明度对比关系，可以把黑、白、灰系列组成 11 个色阶。靠近白的 3 阶称为高调色，靠近黑的 3 阶称为低调色，中间 3 阶称为中调色。即色调分为高、中、低 3 类，这 3 种色调具有不同的视觉感受。

高调具有柔软、轻快、纯洁、淡雅之感。

中调具有柔和、含蓄、稳重、明确之感。

低调具有朴素、浑厚、沉重、压抑之感。

在对比强弱方面，色彩之间明度差别的大小决定着明度对比的强弱。3 个色阶以内的对比为弱对比，又称短调；5 个色阶以外的对比称为强对比，又称长调；3~5 个色阶之间的对比为中对比，又称中调。

如果把不同明度的色调与不同强弱程度的对比进行组合，就可以得到高长调、高中调、高短调、中长调、中中调、中短调、低长调、低中调、低短调 9 种不同的对比效果。

高调	10 白
	9
	8
	7
中调	6
	5
	4
低调	3
	2
	1
	0 黑

明度基调图

无彩色系明度配色

使用无彩色系的黑、白、灰进行网页配色，形成视觉上的明度差异，重点突出，体现出高贵的气质。

无彩色系明度

在无彩色系中，明度最高的是白色，明度最低的是黑色，处在中间明度的是各种不同深浅的灰色。在彩色中，各种彩色也都具有不同的明度性质，其中黄色的视觉度高，色相明度也就最高。紫色的情况正好相反，因此明度便显得最低。如果各种彩色与不同明暗程度的黑、白、灰色相混合，就可以得到许多不同明度的色彩。

明度对比的重要性

在同一色相、同一纯度的颜色中，混入黑色越多，明度越降低；相反，混入白色越多，明度越提高。利用明度对比，可以充分表现色彩的层次感、立体感和空间关系。据色彩专家研究的结果表明，色彩的明度对比的力量要比纯度对比大 3 倍。

明度差异较小的配色

使用明度差异较小的色彩进行配色，清晰感减弱，可以表现出平和、优质和高雅的感受。

无彩色与有彩色明度对比

使用接近无彩色的低明度颜色与高明度的有彩色进行对比，大大增强页面的张力，显得厚重而清晰。

2.3.3　纯度

颜色纯度的作用

　　一般来说，高纯度色的色彩清晰明确、引人注目，色彩的心理作用明显，但容易使人视觉疲倦，不能持久注视。低纯度色的色彩柔和含蓄、不引人注目，却可以持久注视，但因平淡乏味，看久了容易厌倦。因此较好的配色效果，就是纯净色与含灰色的组合配置，利用色彩的纯度对比可以获得既稳定又艳丽的色彩效果。

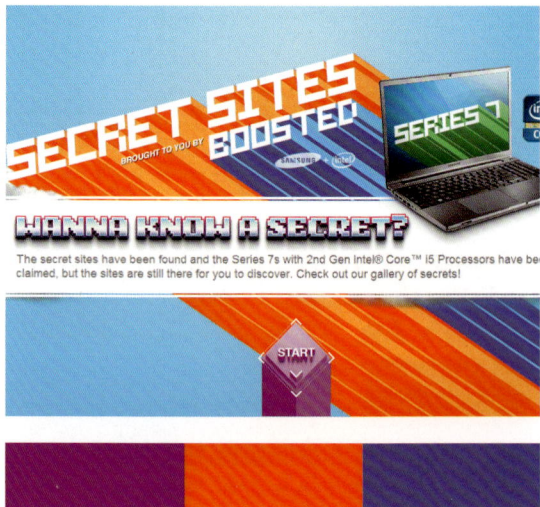

纯度对比

　　纯度对比是指因色彩纯度差别而形成的对比关系，既可以是单一色相不同纯度的对比，也可以是不同色相、不同纯度的对比，通常是指艳丽的颜色和含灰的颜色比较。

高纯度的网页配色

使用高纯度的颜色搭配，整个画面色彩艳丽而丰富，让人感觉充满了活力与激情。

纯度基调

　　纯度对比可以使鲜艳的颜色更加鲜艳，灰暗的颜色更加灰暗。色彩之间纯度的差异大小主要取决于纯度对比的强弱。我们将一个纯色与同亮度无彩色灰等比例混合，建立一个9级纯度色标并据此划分3个纯度基调。

灰色	1	2	3	4	5	6	7	8	9	纯红色
	低纯度			中纯度			高纯度			

　　低纯度基调：由1~3级的低纯度色组成的基调，给人以平淡、消极、无力、陈旧的感觉，同时也有自然、简朴、柔和、超俗、宁静的感受。

　　中纯度基调：由4~6级的中纯度色组成的基调，能够传达出中庸、文雅、安详的感觉。

　　高纯度基调：由7~9级的高纯度色组成的基调，有鲜艳、冲动、热烈、活泼的视觉感受，给人的感觉积极、强烈而冲动；如运用不当也会产生残暴、恐怖、低俗、刺激等效果。

低纯度的网页配色

使用低纯度不同明度的蓝色进行配色，表现出宁静、素雅和低调的感觉。

改变颜色纯度对色彩印象的影响

任何一种鲜明的颜色，只要它的纯度稍稍降低，就会引起色相性质的偏离，而改变原有的品格，例如黄色是视觉度最高的色彩，只要稍稍加入一点灰色，立即就会失去耀眼的光辉。

降低色彩纯度

加白：纯色混合白色可以降低其纯度，提高明度，各色混合白色以后会产生色相偏差。如红色加白色，色性变冷；蓝色加白色，色性变暖。

加黑：纯色混合黑色，降低了纯度，又降低了明度。各色加黑色后，会失去原来的光亮感，而变得沉着、冷静。

加灰：纯色加入灰色会使色彩的纯度降低，相同明度的纯色与灰色相混，可以得到相同明度而不同纯度的含灰色，具有柔和、软弱的特点。

降低网页中黄色的纯度，整个画面的对比不强烈，显得很平淡，页面表现无生气。

使用高纯度的黄色与黑色搭配，产生强烈的视觉对比，高纯度的黄色可以给人一种快乐、愉悦的感受。

2.3.4 色调

色调

色调就是指以一种主色和其他色的组合、搭配所形成的画面色彩关系，即色彩总的倾向性，是多样与统一的具体体现。一般在画面上所占面积最大的色相从视觉上便成了主要色调。

色调具有共性，有的是以明度的一致性组成明调或暗调，有的是以纯度的一致性组成鲜艳色调或含灰色调。

锐色调

不掺杂任何无彩色（白色、黑色和灰色），是最纯粹最鲜艳的色调，效果浓艳、强烈，常用于表现华美、艳丽、生动、活跃的效果。

明色调的网页配色

在鲜艳的纯色中加入一点白色，便成了明色调。明色调略显柔和一些，使人感觉明亮而华丽。

浓色调的网页配色

明度较低，色彩中虽略含黑色成分，但仍保持一定的浓艳度，俗称"深色调"，如该网页中使用的咖啡色等。

淡色调的网页配色

以明度很高的淡雅色彩组成柔和幽雅的淡色调，含有较多白色，所以亮度很高，传达出柔和、舒适的效果。

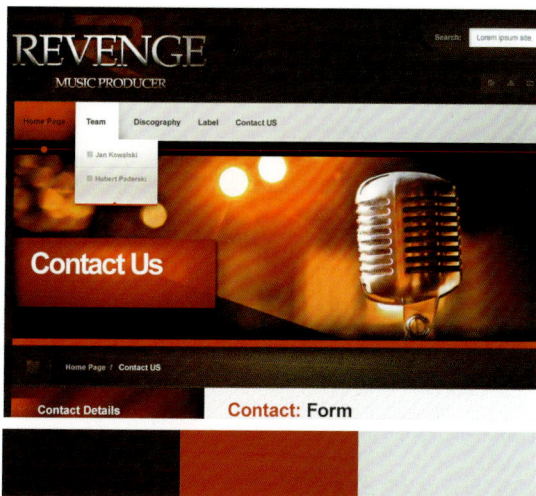

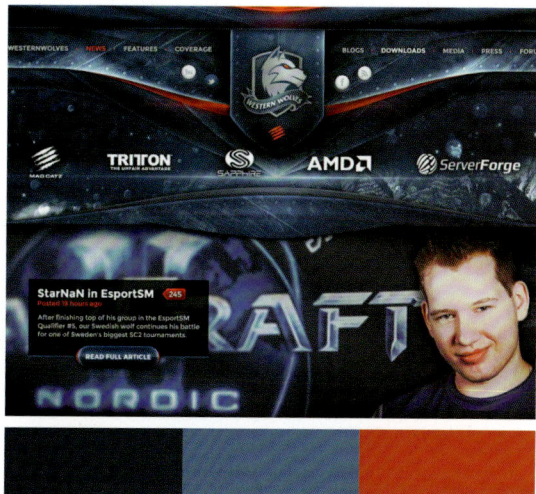

弱色调的网页配色

明度低于浅灰调的含灰色调，略带朴实而成熟的气质。如果大面积用弱色调，小面积用鲜艳色调作为点缀，发挥稳重的特点，而避免晦暗之感。

暗色调的网页配色

明度和纯度都比较低，色暗近黑，是男性化的色彩。如在这种色调中适当搭配一点深沉的浓艳色，可得到沉着华贵的效果。

淡弱色调的网页配色

在比较淡的颜色中加入明度较高的灰色形成的色调，也可称为浅灰色调，表现优美素净的感觉，这类颜色很适合表现高品位、高趣味性。

涩色调的网页配色

在纯色中加入黑色与素雅的灰色形成的色调，是中等明度、中等纯度的色彩组合，有沉着、深厚、稳重之感。

2.4 色彩在网页中的应用

　　色彩的应用并不是像想象的那样容易，在显示器上看到的网页色彩会随着显示器环境的变化而变化。特别是在网页这个特殊环境里，色彩的使用就更加困难，但是又必须做到能够自由地使用色彩制作出漂亮的网页。首先必须理解网页的特殊环境，在了解色彩原理的基础上逐步掌握配色的要领，才能制作出心旷神怡的美丽画面。

2.4.1 网页色彩特征

　　色彩在网页中会随着用户的计算机显示器环境的变化而变化，所以无论多么相同的颜色，看起来也会有细小的差异。但这不是关于色彩的基本概念不同，只不过是在网页中使用色彩要多费些脑筋。

鲜艳的网页色彩对比配色

使用高纯度低明度的冷暖色调进行对比配色，画面颜色艳丽而丰富，对比强烈，让人感觉富有激情。

网页中应用的色彩

　　8 位色彩能够表现 256 种色彩，经常说到的真彩是指 24 位元色彩，也就是 256 的 3 次方，即为 16777216 种色彩。

　　在网页中指定色彩时，主要运用十六进制数值的表示方法，为了使 HTML 表现 RGB 色彩，使用十六进制数 0~255，改为十六进制值就是 00~FF，用 RGB 的顺序罗列就成为 HTML 色彩编码。例如在 HTML 编码中 #000000 就是 R（红）、G（绿）和 B（蓝）都没有的 0 状态，也就是黑色。相反，#FFFFFF 就是 R（红）、G（绿）和 B（蓝）都是 255 的状态，就是 R（红）、G（绿）和 B（蓝）最明亮的状态进行科学合成的色彩。

网页色彩的表现原理

　　计算机显示器是由一个个被称为像素的小点构成的，利用电子束表现色彩。像素把光的三原色 R（红）、G（绿）、B（蓝）组合成的色彩按照科学的原理表现出来。一个像素包含 8 位元色彩的信息量，有从 0~255 的 256 个单元。0 是完全无光的状态，255 是最明亮的状态。

2.4.2　网页安全色

　　网页安全色是当红色（Red）、绿色（Green）、蓝色（Blue）颜色数字信号值（DAC Count）为0、51、102、153、204、255时构成的颜色组合，它一共有6×6×6=216种颜色（其中彩色为210种，非彩色为6种）。

　　216种网页安全色在需要实现高精度的渐变效果或显示真彩图像或照片时，会有一定的欠缺，但在显示徽标或者二维平面效果时，却是绰绰有余的。不过可以看到很多站点利用其他非网页安全色做到了新颖独特的设计风格，所以设计者并不需要刻意地追求使用局限在216种网页安全色范围内的颜色，而是应该更好地搭配使用安全色和非安全色。

同色系网页色彩搭配

使用不同明度和纯度的绿色进行配色，页面整体色调有流畅之美，表现出自然、舒适的页面氛围。

清新的网页配色

使用明度较高的浅灰蓝色渐变作为网页的背景主体色，搭配纯度稍高的蓝色和红色，效果清新，并突出重点。

2.5　单色印象空间

在家看到红色的时候有什么感觉呢？而看到蓝色的时候又有什么感觉呢？看到黄色和绿色的时候感觉又是如何的呢？

当然每一种颜色给人们的感觉都会有所不同，但要具体说明有何不同却是一件困难的事情。如果有一个能够合理客观地分析出这种感觉差异的标准，那么就可以利用它说明这种感觉上的差异了。

表现色彩感觉差异

我们不再使用那些烦琐的，如强烈、柔和等形容词表达对颜色的感受，而是对颜色进行打分，打分时可以使用如下的打分规则。

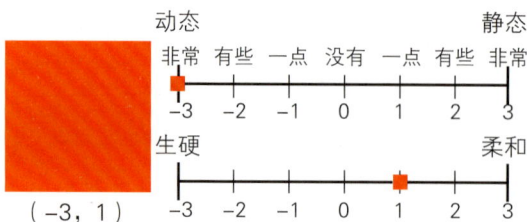

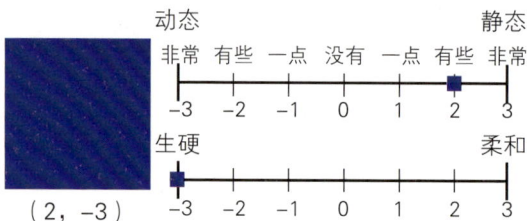

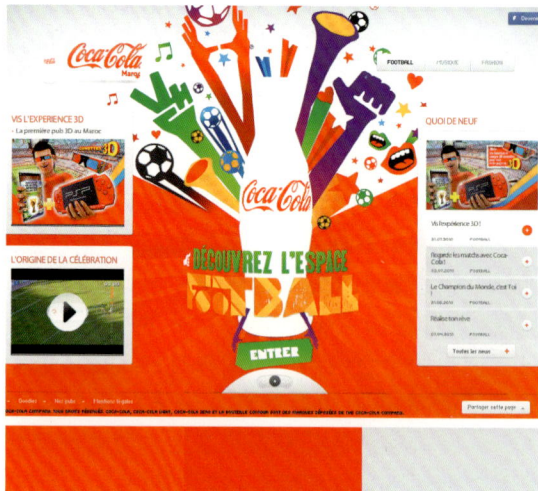

动态   静态
非常 有些 一点 没有 一点 有些 非常
-3　-2　-1　0　1　2　3

生硬   柔和
-3　-2　-1　0　1　2　3

（-3，1）

动态   静态
非常 有些 一点 没有 一点 有些 非常
-3　-2　-1　0　1　2　3

生硬   柔和
-3　-2　-1　0　1　2　3

（2，-3）

红色调的网页配色

使用纯度较高的红色与灰色相搭配，表现出喜庆的氛围，通过多种不同色相颜色的辅助，表现出欢乐的印象。

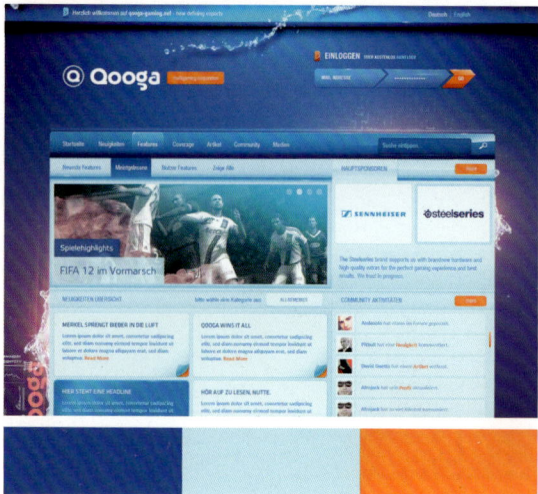

蓝色调的网页配色

使用不同明度的蓝色调进行搭配，让人感觉沉稳、理智，常用于表现科技感。

不同单色印象差异

　　红色会给人一种动态的感觉，反之蓝色会给人一种静态、生硬的感觉。黄色给人一种动态、柔和的感觉，而绿色虽然也是较柔和的感觉，但不会给人动态的感觉，也不会给人静态的感觉。

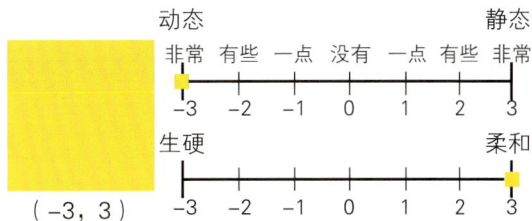

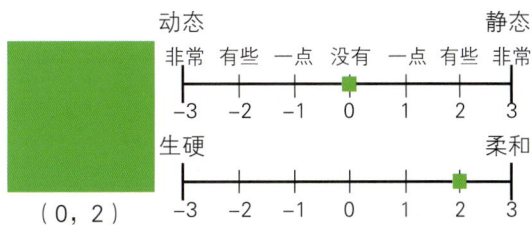

（-3，3）

（0，2）

　　在打好分之后，将得到的"动态 - 静态"值作为横坐标，将"生硬 - 柔和"值作为纵坐标，在二维坐标系中找出相应的点。

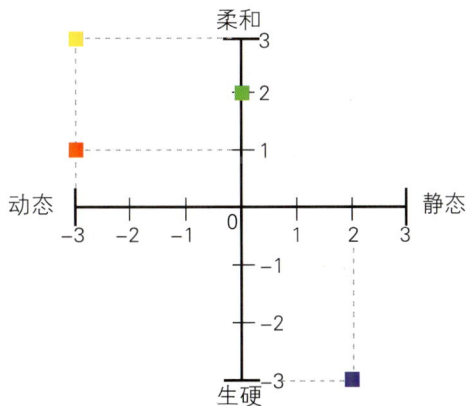

黄色调的网页配色
黄色是明度最高的色彩，黄色和红色一样引人注目，给人温暖和充满活力的感觉。

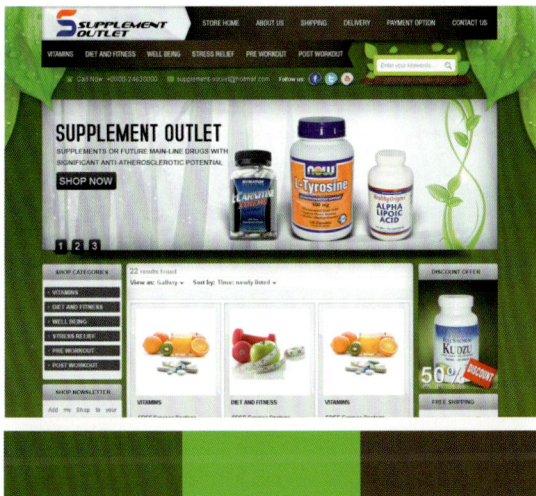

绿色调的网页配色
纯净的绿色可视度不高，刺激性不大，对生理和心理作用都极为温和，给人以宁静、安逸、安全、可靠和可信任感，使人精神放松，不易疲劳。

2.6 配色印象空间

设计师在设计网页的过程中，绝对不会仅仅使用某一种颜色，他们通常都需要搭配使用三至四种甚至更多种颜色来获得较好的配色效果。为了对多种颜色的混合使用进行评价，就需要引入新的配色分析方法——配色印象空间。

不同的配色印象空间

在配色印象空间中给人静态柔和感觉的配色通常都是隐约柔和颜色之间的搭配，给人动态柔和感觉的配色通常都是鲜亮颜色间的搭配，给人动态生硬感觉的配色通常都是鲜亮颜色和浑浊暗淡颜色之间的搭配，给人静态生硬感觉的配色通常都是灰冷颜色之间的搭配。

静态柔和的网页配色

使用高明度的蓝色作为主色调，搭配浅灰色与高明度低纯度的黄色，表现出宁静、柔和及舒适的感觉。

配色印象差异

比起色相，人们对颜色的印象更大程度地取决于色调。这主要表现为鲜明的色调通常给人柔和、动态的印象，阴暗的色调给人生硬的印象，普通的色调给人生硬、静态的印象，而柔和的色调却会给人一种静态的印象。

在配色印象空间中，相距较远的颜色之间的印象会有较大的差异，而距离较近的颜色之间的印象会比较相近，也就是说颜色间的距离与印象的差异程度成正比例关系。

动态柔和的网页配色

使用纯度较高的黄色作为网页主色调，搭配纯度较高的红色和绿色，整个画面让人感觉动感十足。

亚洲人配色倾向

研究人员通过对不同工作、生活环境中的多人亲自动手搭配自己喜欢的颜色组合，得出了亚洲人习惯的配色倾向。

静态生硬的网页配色

使用纯度较低的蓝色与灰色相搭配，体现出传统的水墨画感觉，让人感觉宁静、惬意。

习惯通过色相变化进行配色

亚洲人在颜色搭配中不同的颜色主要通过色相变化来实现，而通过色调变化实现不同搭配颜色的情况较少。这说明了亚洲人普遍习惯于搭配出绚丽的颜色，这与中国民族服饰及其他国家代表性服饰的特点也是相符的。

习惯高纯度或低纯度色彩搭配

在人们搭配的颜色组合中，很多是属于动态柔和效果（主要使用了鲜亮颜色）和静态生硬效果（主要使用了沉重且安静的颜色）的颜色搭配，而静态柔和效果或动态生硬效果的颜色搭配很少见。这也说明了亚洲人习惯于高彩度或低彩度的颜色搭配，而对那些中等对比度的颜色搭配的接受程度较低。

在搭配的颜色中，红色、蓝色、黄色和紫色等颜色所占的比例极大。虽然这些颜色都是日常生活中使用最多的颜色，但都是较浓的颜色。

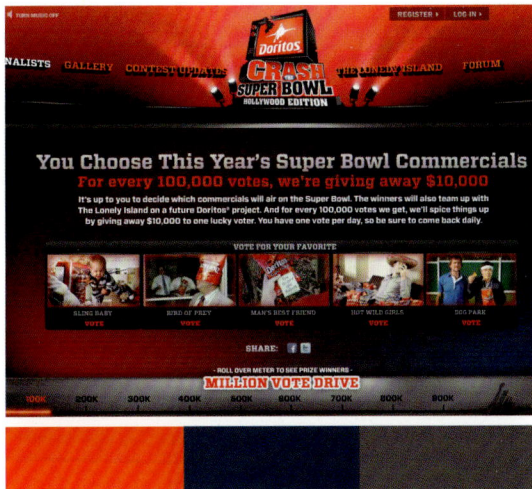

动态生硬的网页配色

使用纯度较高的红色与纯度和明度较低的灰暗蓝色相搭配，使画面产生厚重感，纯度较高的红色又使画面具有一定的动感。

第3章

培养网页配色的感觉

3.1　基于色相的配色关系

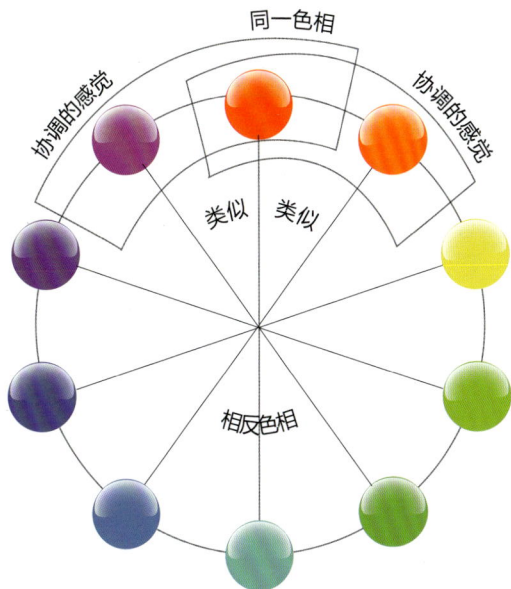

左图为以色相环中的红色为基准进行的配色方案分析。采用不同色调的同一色相时，称之为同一色相配色；而采用邻近颜色配色时，称之为类似色配色。

类似色相是指在色相环中相邻的两种色相。同一色相配色与类似色相的配色在总体上给人一种统一、协调、安静的感觉。就好比在鲜红色旁边使用了暗红色时，会给人一种协调、整齐的感觉。

在色相环中位于红色对面的蓝绿色是红色的补色，补色的概念就是完全相反的颜色。在以红色为基准的色相环中，蓝紫色到黄绿色范围之间的颜色为红色的相反色调。相反色相的配色是指搭配使用色相环中相距较远颜色的配色方案，这与同一色相配色或类似色配色相比更具有变化感。

网页中的配色使用了类似色的配色，使用了色相环中邻近的红蓝色和蓝绿色，整体给人一种协调、安静、高雅的风格。

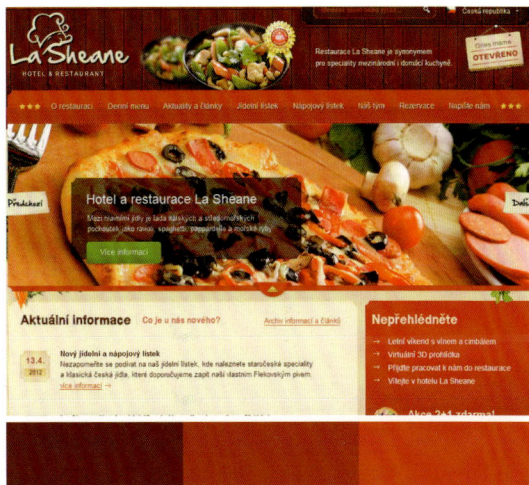

此网页使用了统一色相进行配色，暗红色的背景加上深红色的导航栏和信息栏，整体给人一种统一、兴奋的享受。

3.2 基于色调的配色关系

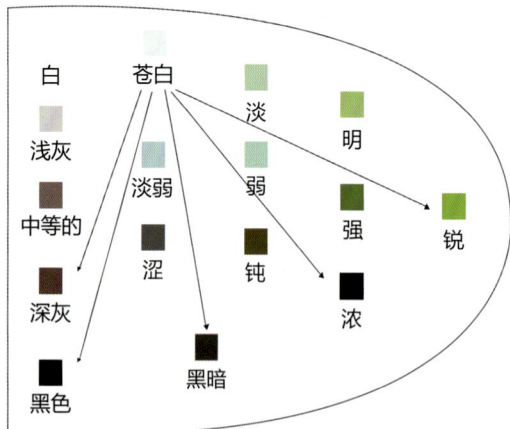

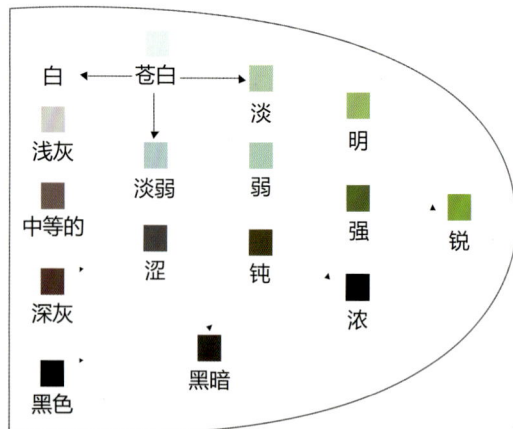

同一色调配色是指选择同一色调不同色相颜色的配色方案，例如使用鲜艳的红色和鲜艳的黄色的配色方案。

类似色调配色是指使用如清澈、灰亮等类似基准色调的配色方案，这些色调在色调表中比较靠近基准色调。

相反色调配色是指使用如深暗、黑暗等与基准色调相反色调的配色方案，这些色调在色调表中远离基准色调。

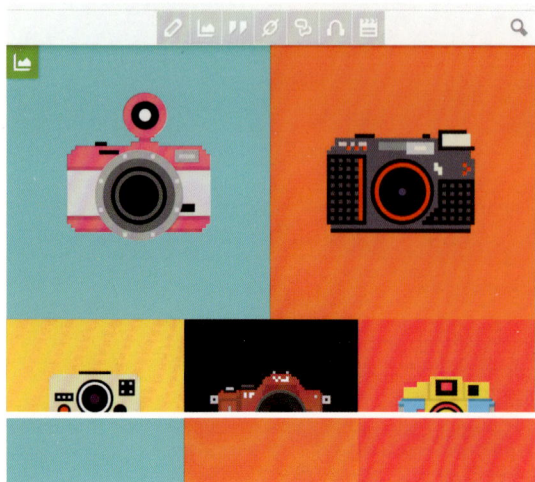

网页中各种不同色相组成了网页的配色，它们的色调基本都已亮色为主，使整体网页给人一种艳丽、闪亮的印象。

色调从网页中心向四周不断变暗，突出了网页中心点的内容，色相之间的对比给人一种鲜明的印象，让人产生兴奋的感觉。

3.3　基于色相进行网页配色的具体方法

　　当依据色相去设计策划一个网站配色方案时，获得的效果会比较鲜艳、华丽。许多服装在设计上采用的都是典型的基于色相的配色方案，这种配色方案在个性比较鲜明的网站上应用较为广泛。

　　利用色相进行配色可以营造整齐的氛围，或可以突出各种颜色所需要传达的直接印象。适当地搭配一些辅助色可以突出显示颜色并给人轻快的感觉，而适当地搭配类似色相可以获得整齐、宁静的效果。

3.3.1　相反色相、类似色调配色

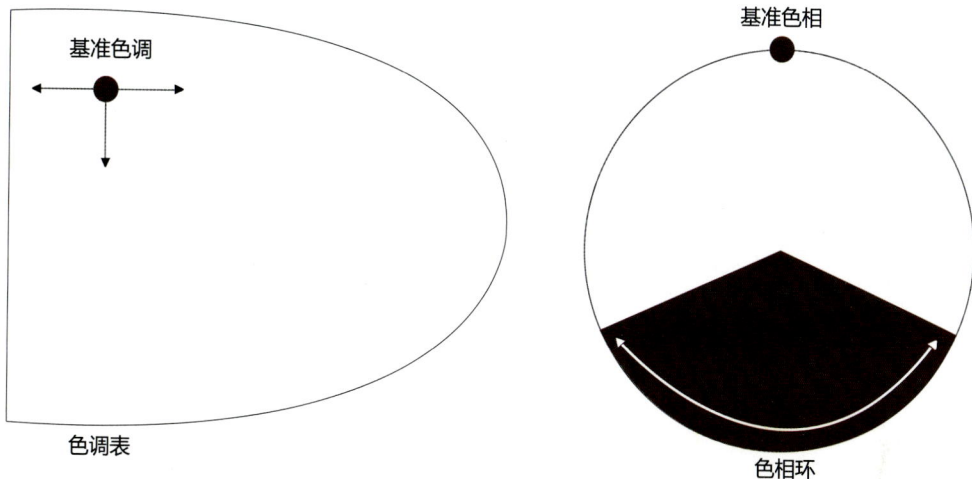

相反色相、类似色调配色

　　这是采用相反色相类似色调的配色方案。虽然使用了相反的色相，但通过使用类似的色调可以得到特殊的配色效果。而影响这种配色方案效果的最重要因素在于使用的色调。当使用对比度较高的鲜明色调时，那么使用色相进行网页配色时，将会得到较强的动态效果；当使用了对比度较低的黑暗色调时，那么不同的色相组合在一起会突显一种安静沉重的效果。

色相配色的特点总结

　　色相配色可以获得稳定的变化效果。

　　（1）补色与相反色相配色：强烈而鲜明的效果。

　　（2）类似色相与邻近色相配色：冷静、稳重的感觉。

不同色相的配色

背景中蓝色与红色形成鲜明对比，由于色调相同，整体协调、平衡。

配色辞典

#6666CC	RGB(102-204-204)
#FFFF66	RGB(255-255-102)
#FF66CC	RGB(255-102-255)

#CCCCFF	RGB(204-204-255)
#CCFF99	RGB(204-255-153)
#FF9999	RGB(255-153-153)

#009933	RGB(0-153-51)
#FFCC00	RGB(255-204-0)
#FF9999	RGB(255-153-153)

#009999	RGB(0-153-153)
#FF9933	RGB(255-153-51)
#660066	RGB(102-0-102)

#000033	RGB(204-51-51)
#99CC00	RGB(153-204-0)
#9900CC	RGB(153-0-204)

#99CC00	RGB(153-204-0)
#330066	RGB(51-0-102)
#FF9900	RGB(255-153-0)

主颜色	辅助颜色	突出颜色

主颜色	辅助颜色	突出颜色

　　此站点的主页面采用了明度较高的蓝色作为背景，给人一种温暖、清澈的感觉，并在主色调的基础上使用了粉色、白色等作为辅助色，整体给人一种轻柔、愉快、温暖的印象。在下一级页面中，粉色成为页面的主色调，使用了首页中的蓝绿色作为辅助色，在第三级页面中使用紫色作为主色调，并将第二级页面中的粉红色作为辅助色。整个站点都使用了统一的白色文字。不同页面的背景颜色体现了一个网站的特色与风格,相同色调的颜色过渡、延续做到了网站的自然与统一，在使用多种色彩的同时又没有失去网站的整体风格。

主颜色	辅助颜色	突出颜色

主颜色、辅助颜色和突出颜色

　　主颜色主要是指网页中的主要颜色，起到了在整体上显示出站点整体内容和风格的重要作用。

　　辅助颜色主要是指辅助主颜色的次要颜色，用于协助主颜色营造整体气氛。

　　突出颜色主要是在网页中用于突出、强调显示的内容区域颜色，主要用在占用范围较小的按钮、标签等地方。

3.3.2 相反色相、相反色调配色

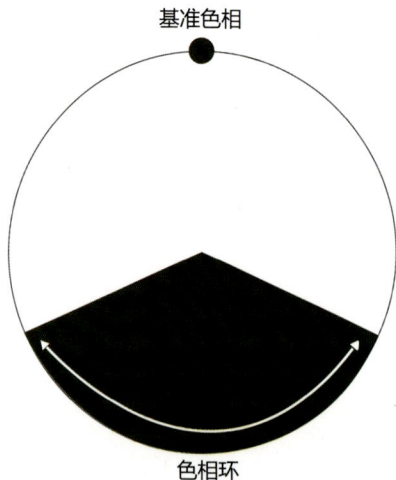

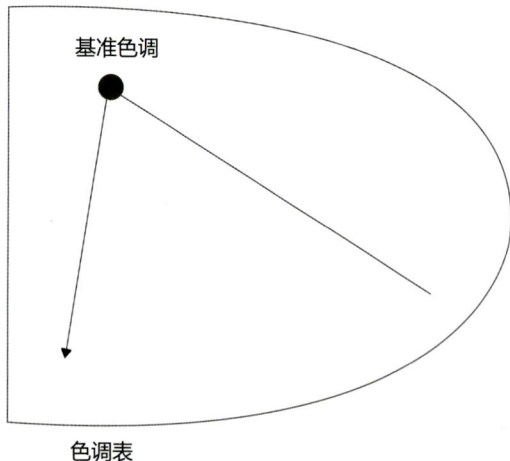

基准色相

色相环

基准色调

色调表

相反色相、相反色调配色

这是相反色相和相反色调进行网页配色的方案，因为采用了不同的色相和色调，所以得到的效果具有强烈的变化感和巨大的反差性以及鲜明的对比性。与相同色调、相反色相方案能够营造整齐氛围不同的是，相反色调、相反色相的配色方案所要表现的是一种强弱分明的氛围。网页配色时，这种配色方案的效果取决于所选颜色在整体画面中的所占比例。

相反色相、类似色调配色的特点总结

相反色相、类似色调的配色可以获得静态的变化效果。

（1）补色与相反色相配色：强调轻快的气氛效果。

（2）类似色相与邻近色相配色：整齐、安静的感觉。

黄色与蓝色构成相反色相、类似色调的配色。

相反色相、相反色调配色的特点总结

相反色相、相反色调的配色可以获得页面的变化感和逆向性。

（1）营造出强弱分明的氛围环境。

（2）配色时需要根据颜色的色相与色调的调整去判断所占页面比例的大小。

深红色与暗绿色构成相反色相和色调的配色。

相反色调和色相的配色

网页背景中的黑色与内容图片的高明度色形成对比，来突出显示图片。

配色辞典

#FF6666	RGB(255-102-102)	
#FFFFCC	RGB(255-255-204)	
#6699FF	RGB(102-153-255)	

#339999	RGB(51-153-153)	
#FFFFCC	RGB(255-255-204)	
#660066	RGB(102-0-102)	

#CCFF66	RGB(204-255-102)	
#660033	RGB(102-0-51)	
#99CCFF	RGB(153-204-255)	

#99CC33	RGB(153-102-51)	
#CCFFFF	RGB(204-255-255)	
#663333	RGB(102-51-51)	

#99CC00	RGB(153-204-0)	
#CCFFFF	RGB(204-255-255)	
#FF9900	RGB(255-153-0)	

#996699	RGB(153-102-153)	
#FFFF66	RGB(255-255-102)	
#003399	RGB(0-51-153)	

| 主颜色 | 辅助颜色 | 突出颜色 |

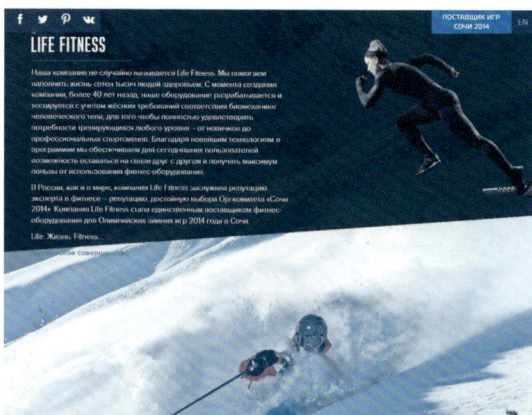

网站首页背景使用了黑暗的色调，这与图片所拥有的高亮红色形成强烈对比，极大地突显了图片的内容，次页同样使用了灰度较高的背景，内容区域使用了高明度的白色，色相和色调形成对比。整个网页给人一种鲜明的对比性，带给人一种视觉上的刺激。

| 主颜色 | 辅助颜色 | 突出颜色 |

此网站首页背景虽然色彩多，但却笼罩了一层偏暗的灰色调，给人一种理性、安全的印象，对比显示的高明度红色文字给了页面一种活跃的气息。次页的背景颜色使用了纯度较高的蓝色，而文字在选择上则使用了明度高的白色，让人产生一种冷静的印象。

3.3.3　无彩色和彩色

　　利用无彩色和彩色进行网页配色的方法可以营造不同的风格效果，无彩色主要是由白色、黑色以及它们中间的过渡色灰色构成，由于色彩印象的特殊性，在与彩色颜色搭配使用时，它们可以很好地突出彩色效果。通过搭配使用高亮度的彩色和白色以及亮灰色，可以得到明亮轻快的效果。而低亮度彩色以及暗灰色，可以呈现一种黑暗沉重的效果。

相反色调和色相的配色

背景中的暗灰色与页面中高明度的红色图片形成强烈对比，显得更加鲜亮。

配色辞典

#FFFF33	RGB(255-255-51)
#99CCFF	RGB(153-204-255)
#CCCCCC	RGB(204-204-204)

#CCCC33	RGB(204-204-51)
#FFFFFF	RGB(255-255-255)
#999999	RGB(153-153-153)

#003366	RGB(0-51-102)
#FFFFFF	RGB(255-255-255)
#006699	RGB(0-102-153)

#CCCCCC	RGB(204-204-204)
#9999CC	RGB(153-153-204)
#666666	RGB(102-102-102)

| 主颜色 | 辅助颜色 | 突出颜色 |

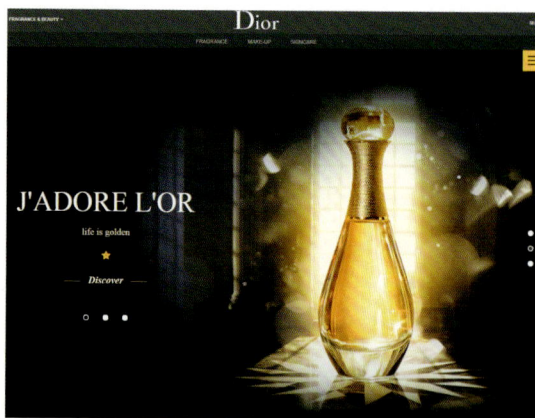

| 主颜色 | 辅助颜色 | 突出颜色 |

　　作为一个有着历史背景的时尚品牌网站，首页导航栏采用了黑色背景，而文字和内容部分则使用了高亮的白色，给人一种简洁、大方的感觉。次页的背景同样使用了黑暗的色调，图片采用了低明度的黄色，让人有一种庄重、久远的印象。

| 主颜色 | 辅助颜色 | 突出颜色 |

| 主颜色 | 辅助颜色 | 突出颜色 |

　　此网站主页背景使用了明度较高的白色，页面图片内容丰富，包含的色彩众多，给人一种欢快、愉悦的印象。次页背景与主页相同，相关文字和导航栏给人一种简洁、明快的风格感受，偶尔穿插的红色也为页面中的内容起到了很好的突出作用。

3.4 基于色调进行网页配色的具体方法

基于色调对网页进行配色的方法着重点在于色调的变化，它主要通过对同一色相或邻近色相设置不同的色调得到不同的颜色效果。基于色调的网页配色可以给人一种统一、协调的感觉，避免色彩的过多应用给网页造成繁杂、喧闹的印象，这种配色方案可以通过控制一种颜色的明暗程度，制造出具有鲜明对比感的效果或者是制造出冷静、理性、温和的效果。

3.4.1 同一或类似色相、类似色调配色

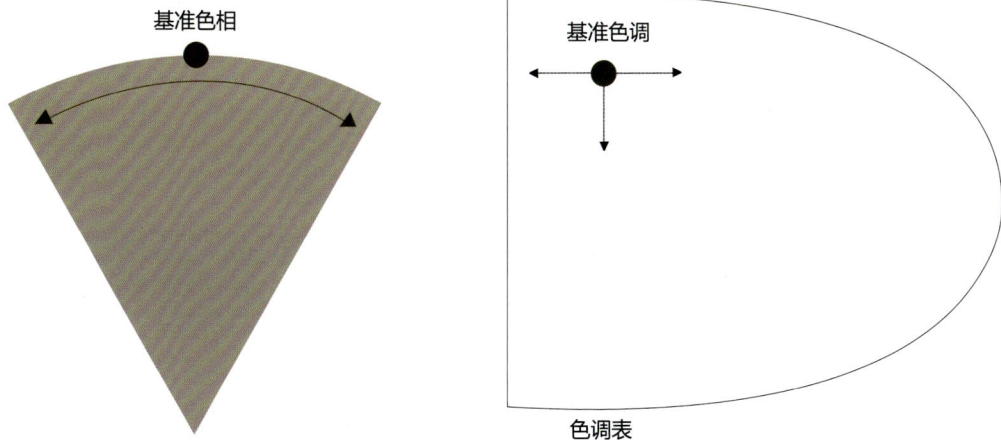

基准色相

基准色调

色调表

同一或类似色相、类似色调配色

这是使用同一或类似色相的同时使用类似的色调进行配色的方案，在网页配色中使用可以产生冷静、理性、整齐而简洁的效果，但如果选择了极为鲜艳的色相，那么将会给人一种强烈的视觉变化，会给人带来一种尊贵、华丽的印象。总的来说，使用类似色相和类似色调进行网页配色可以带来冷静、整齐的感觉，类似的色相能够表现出画面的细微变化。

色调配色的特点总结

色调配色主要是基于色调的变化进行配色的方法。
（1）亮色调在网页中运用带来鲜明的对比感。
（2）暗色调带来冷静温和的理性感觉。

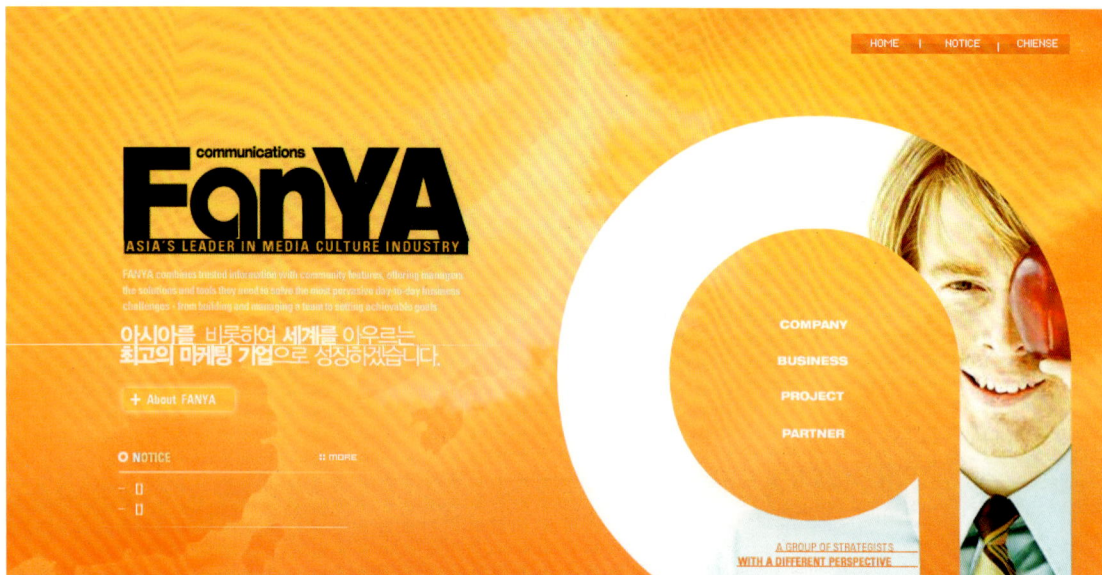

类似色相、类似色调的配色

网页背景由红橙色和橙色这对类似色相组成，页面色调对比统一、协调。

配色辞典

色块	色值	RGB
	#99CCCC	RGB(153-204-204)
	#66CCCC	RGB(102-204-204)
	#339999	RGB(51-153-153)

	#FF9900	RGB(204-204-153)
	#FFFF33	RGB(255-255-204)
	#99CC33	RGB(204-204-102)

	#CCCC33	RGB(204-204-51)
	#006633	RGB(0-102-51)
	#669933	RGB(102-153-51)

	#FF9900	RGB(255-153-0)
	#FFFF33	RGB(255-255-51)
	#99CC33	RGB(153-204-51)

	#99CC00	RGB(153-204-0)
	#CCFF00	RGB(204-255-0)
	#CCCC00	RGB(204-204-0)

	#CCCC33	RGB(204-204-51)
	#CC9933	RGB(204-153-51)
	#CC3333	RGB(204-51-51)

| 主颜色 | 辅助颜色 | 突出颜色 |

| 主颜色 | 辅助颜色 | 突出颜色 |

　　网站首页的背景由蓝绿色和绿色以及黄绿这三对类似色组成，给人一种清新、自然的印象，色调上面比较鲜明。在网站的次页面，色彩并没有太多变化。整体页面给人一种整洁、清净的印象，色调的统一和温和令人轻松、愉悦。

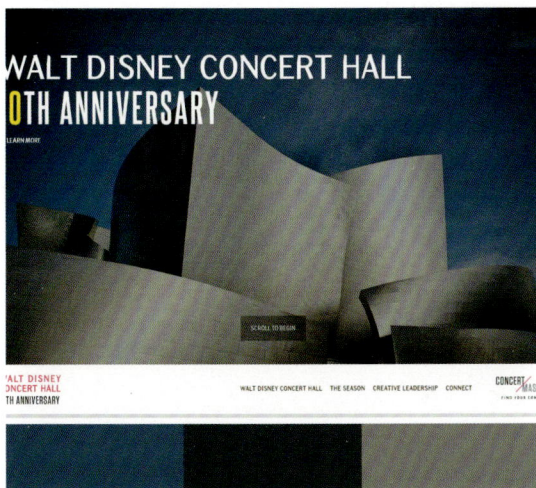

| 主颜色 | 辅助颜色 | 突出颜色 |

| 主颜色 | 辅助颜色 | 突出颜色 |

　　整个网站的色调是同步、一致的，整体偏灰，给人一种冷静、高雅的印象。首页中主要使用了深灰色和深蓝色来表现一种宁静和安稳，次页中的金黄色和红色被灰色调减弱，给人一种高尚、优雅的艺术视觉。

3.4.2 同一或类似色相、相反色调配色

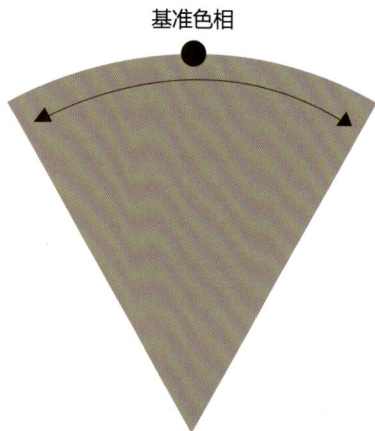

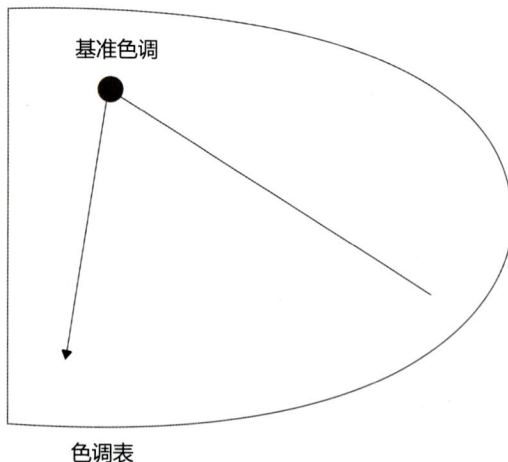

基准色相

基准色调

色调表

同一或类似色相、相反色调配色

这种网页配色方案主要是使用同一或类似的色相，但使用不同的色调进行配色，它的效果就是在保持页面整齐、统一的同时能很好地突出页面的局部效果。

类似色相、类似色调配色的特点总结

类似色相、类似色调的配色可以获得冷静整齐的感觉，进行配色能够表现出细微不同的感觉。

黄色和橙色构成类似色相、类似色调的配色。

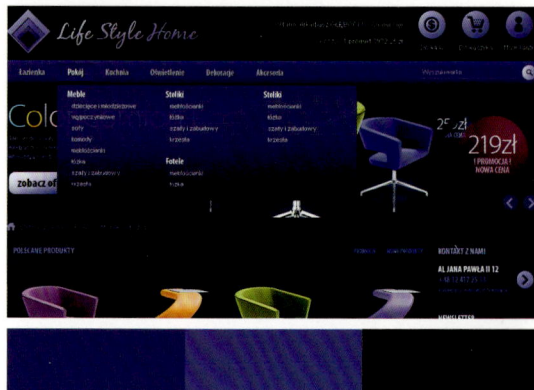

类似色相、相反色调配色的特点总结

类似色相、相反色调的配色可以获得统一、突出的效果，配色时色调差异越大，突出的效果就越明显。

紫色与蓝紫色构成类似色相、相反色调的配色。

类似色相、相反色调的配色

网页背景由统一的蓝色色相组成，深蓝与浅蓝将页面分成了两个区域。

配色辞典

#FFFF99　RGB(255-255-153)
#FF9900　RGB(255-153-0)
#666600　RGB(102-102-0)

#FF9966　RGB(255-153-102)
#663300　RGB(102-51-0)
#FF6600　RGB(255-102-0)

#666600　RGB(102-102-0)
#CCCC66　RGB(204-204-102)
#006633　RGB(0-102-51)

#66CC99　RGB(102-204-153)
#003300　RGB(0-51-0)
#00FFCC　RGB(0-255-204)

#003399　RGB(0-51-153)
#CCCCFF　RGB(204-204-255)
#336699　RGB(51-102-153)

#9900CC　RGB(153-0-204)
#CCCCFF　RGB(204-204-255)
#660099　RGB(102-0-153)

| 主颜色 | 辅助颜色 | 突出颜色 |

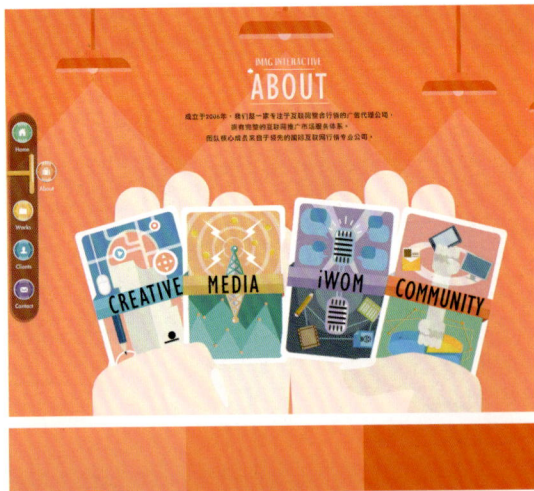

| 主颜色 | 辅助颜色 | 突出颜色 |

　　网站首页的主色调为绿色，绿色使用了不同色调的颜色，用来区分网页中不同内容区域，而次级页面使用了高亮度的红色，用浅色调的红色来模拟灯光的效果。整个网站运用同一色相，不同色调，给人一种统一而又不单调的出色效果。

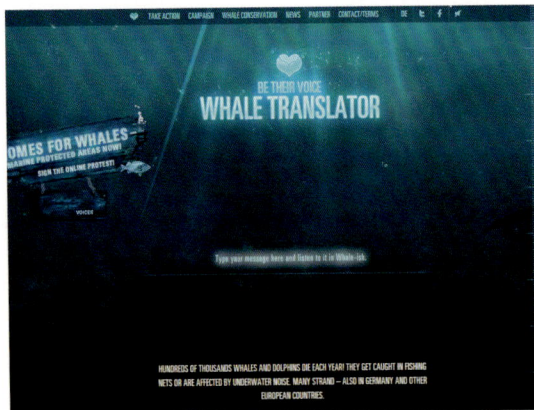

| 主颜色 | 辅助颜色 | 突出颜色 |

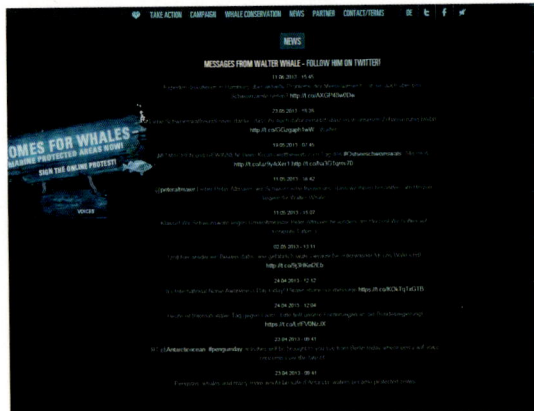

| 主颜色 | 辅助颜色 | 突出颜色 |

　　作为一个以海洋为主题的网站，首页背景采用了一种深色调的蓝色，而标题文字和导航栏则分别使用了明度较高的蓝绿色和白色，文字内容得到了很好的突出显示，次页的背景同样使用了黑暗的蓝色调，文字采用了高明度的蓝绿色。

3.5　渐变配色

　　这种配色方案主要是以颜色的排列为主，浏览大多数的网站，几乎每个网页都会有渐变这样的配色实例，按照一定规律逐渐变化的颜色，会给人一种富有较强韵律的感受，渐变可以分为色相渐变和色调渐变。

渐变配色

色彩的过渡变化让网页有了一种律动感，活力增强，富有变化和层次性。

配色辞典

#669900　RGB(102-153-0)
#99CC00　RGB(153-204-0)
#CCFF00　RGB(204-255-0)

#996699　RGB(153-102-153)
#CC99CC　RGB(204-153-204)
#FFCCFF　RGB(255-204-255)

#336699　RGB(51-102-153)
#6699CC　RGB(102-153-204)
#66CCFF　RGB(102-204-255)

#993333　RGB(153-51-51)
#FF9900　RGB(255-153-0)
#FFFF00　RGB(255-255-0)

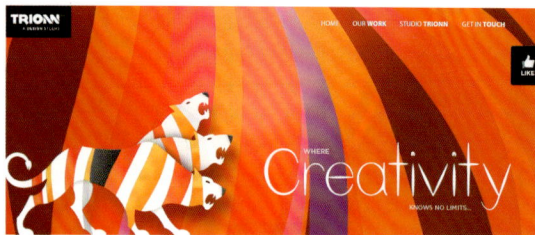

主颜色	辅助颜色	突出颜色

主颜色	辅助颜色	突出颜色

网站主页使用了典型的渐变配色方案，色彩选择上大多使用了暖色，给人一种艳丽多彩的视觉感。次页同样使用了渐变配色，整体上给人一种协调、统一的感觉，由于渐变色彩和纯色白色区域划分明显，整体上又突出了简洁、整齐、大气的风格。

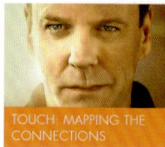

主颜色	辅助颜色	突出颜色

主颜色	辅助颜色	突出颜色

此网站同样使用了渐变配色的方案，主页使用了相同的颜色区域，不同的色相来划分页面中的不同内容，颜色是由冷色向暖色不断过渡变化，给人一种视觉上的新鲜感。次页的图片标题使用了渐变配色，网页在整体上给人一种纵深感和跳跃感，新鲜而有活力。

第4章

网页配色的基本方法

4.1 网页配色的方法

色彩不同的网页给人的感觉会有很大差异，可见网页的配色对于整个网站的重要性。一般在选择网页色彩时，会选择与网页类型相符的颜色，而且尽量少使用几种颜色，并调和各种颜色，使其有稳定感是最好的。

4.1.1 网页主题色

色彩是网站艺术表现的要素之一。在网页设计中，根据和谐、均衡和重点突出的原则，将不同的色彩进行组合，来构成漂亮的页面，同时应该根据色彩对人们心理的影响，合理地加以运用。

按照色彩的记忆性原则，一般暖色比冷色的记忆性强，色彩还具有联想与象征的特质，如红色象征激烈、渴望；蓝色象征安静、清洁等。网页颜色应用并没有数量限制，但不能毫无节制地运用多种颜色。

突出网页主题色

使用明度较高的浅紫红色作为网页的主题色，与高纯度的紫红色搭配，在白色背景下，使整个网页浪漫、唯美。

主题色

主题色是指在网页中最主要的颜色，包括大面积的背景色、装饰图形颜色等构成视觉中心的颜色。主题色是网页配色的中心色，搭配其他颜色通常以此为基础。

色彩作为视觉信息，无时无刻不在影响着人类的正常生活。美妙的自然色彩，刺激和感染着人们的视觉和心理情感，提供给人们丰富的视觉空间。

主题色突出

使用黄绿色作为网页主题色，运用在深灰蓝色的背景色中，成为整个网页的视觉中心，表现出清新、自然的感觉。

主题色是网页视觉中心

　　网页主题色主要是由网页中整体栏目或中心图像所形成的中等面积的色块。它在网页空间中具有重要的地位，通常形成网页中的视觉中心。

　　网页主题色的选择通常有两种方式：要产生鲜明、生动的效果，可选择与背景色或者辅助色呈对比的色彩；要整体协调、稳重，则应该选择与背景色、辅助色相近的相同色相颜色或邻近色。

✕ 很大的面积通常是网页背景色。

✕ 面积过小很难成为网页主角。

✓ 主题色通常占据中等面积。

主题色与背景色对比

使用明度和纯度都非常低的灰绿色背景，与主题色为明度和纯度都很高的黄绿色搭配，重点突出视觉中心，使整个页面顿时活跃起来。

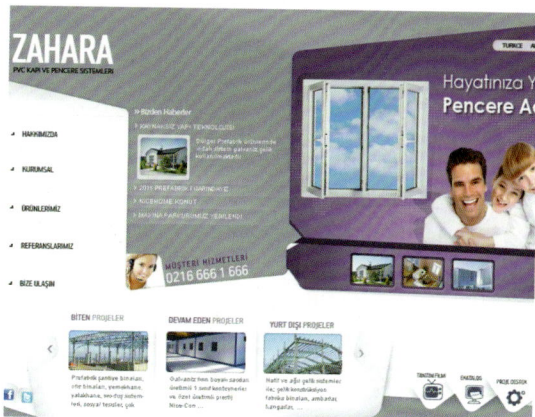

主题色通常是网页的视觉中心

红色为主题色，是一种鲜艳的颜色，象征着温暖；米黄色为背景色，鲜亮而明快，衬托着主题色；绿色为点缀色，增加画面的跳跃性。

紫色作为网页的主题颜色，显得高贵、典雅，与中灰色的网页背景和白色构成网页的整体配色，重点突出，体现出科技感与时尚感。

4.1.2 网页背景色

　　背景色是指网页中大块面积的表面颜色，即使是同一组网页，如果背景色不同，带给人的感觉也截然不同。背景色由于占绝对的面积优势，支配着整个空间的效果，是网页配色首先关注的重要因素。

颜色传达视觉印象

　　在人们的脑海中，有时看到色彩就会想到相应的事物，眼睛是视觉传达的最好工具，当看到一个画面，人们第一眼看到的就是色彩，例如绿色带给人一种很清爽的感觉，象征着健康，因此人们不需要看主题字，就会知道这个画面在传达着什么信息，简单易懂。

绿色背景色

清新而自然的绿色系色调常常带来与新鲜和自然相通的联想，它与不同浓度的黄绿色进行搭配，纯度饱满，可以产生犹如初生般的新鲜感。

背景色

　　背景色是指网页背景所使用的颜色，目前网页背景常使用的颜色主要包括白色、纯色、渐变颜色和图像等几种类型。网页背景色也被称为网页的"支配色"，网页背景色是决定网页整体配色印象的重要颜色。

粉红色背景色

使用明亮的粉红色作为网页的背景色，与高明度的浅蓝色和浅黄色相搭配，表现出甜美、可爱、温馨的感觉。

背景色支配网页整体感觉

网页背景色是指网页空间中大块面积的颜色，主要是网页最底层的底色。

使用柔和的色调作为网页的背景色，可以形成易于协调的背景。如果使用鲜艳的颜色作为网页的背景色，可以使网页产生活跃、热烈的印象。

网页的背景色对网页整体空间印象的影响比较大，因为网页背景在网页中占据的面积最大。

强色有绝对的支配性。

弱色同样具有支配性。

浅背景色体现清爽的感觉

使用柔和的浅蓝色和白色作为网页的背景颜色，搭配黄绿色的主题色，突出重点，整个画面让人感觉清爽、自然、舒适。

背景色选色的两种常见方式

背景色与主题色对比

网页背景色与主题色使用对比颜色相搭配，色相差较大，使得整个网页紧凑而有张力。

背景色与主题色相邻

网页背景色与主题色使用相邻色或同色系搭配，色相差很小，使得整个网页感觉柔和、低调。

4.1.3 网页辅助色

一般来说，一个网站页面通常都不止一种颜色。除了具有视觉中心作用的主题色之外，还有一类陪衬主题色或与主题色互相呼应而产生的辅助色。

辅助色

辅助色的视觉重要性和体积次于主题色和背景色，常常用于陪衬主题色，使主题色更加突出。在网页中通常是较小的元素，如按钮、图标等。

网页中辅助色可以是一种颜色，或者一个单色系，还可以是由若干颜色组成的颜色组合。

衬托主题色

使用黄色作为网页的辅助色，衬托网页中的主题色。黄色是最明亮的色彩，在有彩色的纯色中明度最高，能够给人以光明、轻快的感觉。

辅助色的作用

辅助色为主题色配以衬托，可以令网页瞬间充满活力，给人以鲜活的感觉。辅助色与主题色的色相相反，起突出主题的作用。辅助色若面积太大或是纯度过强，都会弱化关键的主题色，所以相对暗淡的色彩、适当的面积才会达到理想的效果。

辅助色与主题色色相相反

该网页使用蓝色作为网页主色调，体现科技感，搭配红色和黄色作为辅助色，使页面活跃、突出。

对比的辅助色与主题色

使用柔和的浅蓝色作为网页的背景色，给人感觉柔和、清爽。使用纯度较高的绿色作为主题色，使用红色作为辅助色，使得画面活泼，主题突出。

辅助色可以使主题色生辉

在网页中为主题色搭配辅助色，可以使网页画面产生动感，活力倍增。网页辅助色通常与网页主题色保持一定的色彩差异，既能突显网页的主题色，又能够丰富网页整体的视觉效果。

网页辅助色与主题色一起，被称为网页的"基本色"。

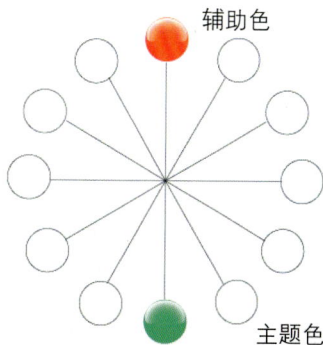

常常通过对比的方法来突显主题色。

辅助色与主题色相近

网页的主题色与辅助色相近，无法突出重点内容，并且页面较平淡，没有视觉中心。

辅助色与对比色对比

通过使用对比的配色，强调页面中的重点内容，使该部分内容从画面中凸出来，画面活跃，有重点。

4.1.4 网页点缀色

网页点缀色是指网页中较小的一处面积且易于变化物体的颜色，如图片、文字、图标和其他网页装饰颜色。点缀色常常采用强烈的色彩，常以对比色或高纯度色彩来加以表现。

点缀色的作用

点缀色通常用来打破单调的网页整体效果，所以如果选择与背景色过于接近的点缀色，就不会产生理想效果。为了营造出生动的网页空间氛围，点缀色应选择较鲜艳的颜色。在少数情况下，为了特别营造低调柔和的整体氛围，则点缀色还是可以选用与背景色接近的色彩。

点缀色使网页生动

使用白色作为网页的背景色，蓝色作为网页的主题色，使得网页清爽、自然。通过橙色点缀色的应用，使整个网页生动、活泼起来。

点缀色的选择

例如在需要表现清新、自然的网页配色中使用绿叶来点缀网页画面，使整个画面瞬间变得生动活泼，有生机感。绿色树叶既不抢占网页画面主题色彩，又不失点缀的效果，主次分明，有层次感。

鲜明的点缀色

该网页使用鲜艳的黄色作为网页背景主色调，表现出活泼、明亮的感觉，通过绿色点缀色的运用，使页面更加生动。

点缀色的应用技巧

在不同的网页位置上，对于网页点缀色而言，主题色、背景色和辅助色都可能是网页点缀色的背景。

在网页中点缀色的应用不在于面积大小，面积越小，色彩越强，点缀色的效果才会越突出。

点缀色变得鲜艳

通过灰色与黑色相搭配，页面表现稳重、大气，在页面中加入橙色的点缀色，改变页面沉闷的色调，使整个页面生动，富有活力。

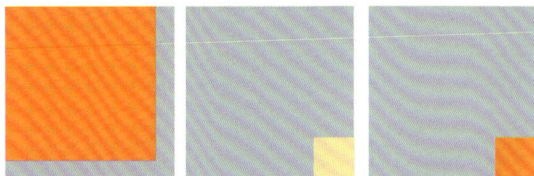

✕ 大面积鲜艳的色彩。

✕ 小面积不鲜艳的颜色。

✓ 小面积的鲜艳色彩最有效果。

点缀色的强弱应该根据网页的整体氛围来选择

强对比点缀色

该网页使用红橙色作为网页主色调，让人感觉喜庆、欢乐，加入强对比的蓝色作为点缀色，使页面具有层次感。

弱对比点缀色

该网页使用明度较高的浅蓝色作为网页主色调，搭配同色系的蓝色，对比柔和，整体让人感觉舒适、悠远。

65

4.2 网页文本配色

比起图像或图形布局要素来，文本配色就需要更强的可读性和可识别性。所以文本的配色与背景的对比度等问题就需要多费些脑筋。很显然，字的颜色和背景色有明显的差异，其可读性和可识别性就很强。这时主要使用的配色是明度的对比配色或者利用补色关系的配色。

文本配色要考虑可读性

使用灰色或白色等无彩色背景，其可读性高，与别的颜色也容易配合。但如果想使用一些比较有个性的颜色，就要注意颜色的对比度问题。多试验几种颜色，要努力寻找那些熟悉的、适合的颜色。

灰色背景上文字的搭配

在使用浅灰色为主色调的网页背景中，使用明度较低、纯度较高的蓝色和深灰色文字，文字表现清晰，整体让人感觉充满科技感。

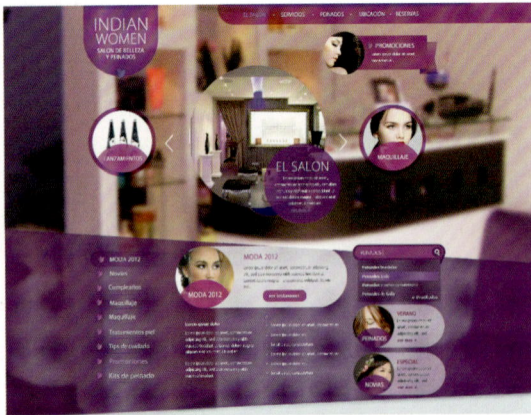

文本图形背景的处理

统一的配色，可以给人一贯性的感觉，并且方便配色。

另外，在文本背景下使用图形，如果使用对比度高的图像，那么可识别性就要降低。这种情况下就要考虑图像的对比度，并使用只有颜色的背景。

图形背景上的文字配色

页面使用紫色为主色调，让人感觉优雅、女性化，在紫色的背景上搭配明度最高的白色文字，页面内容清晰，可读性高。

4.2.1　网页与文本的配色关系

不同的网页文本颜色

使用高明度的浅色系作为网页背景，搭配高纯度的深蓝色文字，并且对个别文字使用对比色搭配，加大字号，表现突出，给人时尚和科技感。

文本字号大小与配色的关系

标题字号大小如果大于一定的值，即使使用与背景相近的颜色，对其可识别性也不会有太大的妨碍。相反，如果与周围的颜色互为补充，可以给人整体上协调的感觉。如果整体使用比较接近的颜色，那么就对想调整的内容使用它的补色，这也是配色的一种方法。

运用网页中的文字色彩应和网页的功能、表现主题、文字内容结合起来考虑。

实际上，要想在网页中恰当地使用颜色，就要考虑各个要素的特点。背景和文字如果使用近似的颜色，其可识别性就会降低，这是文本字号大小处于某个值时的特征，即各要素的大小如果发生了改变，色彩也需要改变。

网页文字色彩处理

网页文字设计的一个重要方面就是对文字色彩的应用，合理地应用文字色彩可以使文字更加醒目、突出，以有效地吸引浏览者的视线，而且还可以烘托网页气氛，形成不同的网页风格。

大字号同色系网页文本颜色

棕色带给人安定、安全和安心感，棕色在日常生活中是比较常用的色彩，与同色系的暗色调色彩搭配，更加彰显出踏实、稳重的感觉。

4.2.2 良好的网页文本配色

色彩是很主观的东西，你会发现，有些色彩之所以会流行起来，深受人们的喜爱，那是因为配色除了着重原则以外，它还符合了以下几个要素。

- 顺应了政治、经济、时代的变化与发展趋势，和人们的日常生活息息相关。

- 明显和其他有同样诉求的色彩不一样，跳脱传统的思维，特别与众不同。

- 浏览者看到后是不会感到厌恶的，因为不管

是多么与概念、诉求、形象相符合的色彩，只要不被浏览者所接受，就是失败的色彩。

- 与图片、照片或商品搭配起来，没有不协调感，或有任何怪异之处。

- 能让人感受到色彩背后所要强调的故事性、情绪性和心理层面的感觉。

- 在页面上的色彩有层次，由于不同内容或主题，所适合的色彩不尽相同，因此，在配色时，也要切合内容主题，表现出层次感。

清晰的网页文本配色

红色是受人瞩目的颜色，能够让人联想到火焰与太阳等，很容易吸引人的眼球。针对不同的背景色，搭配不同的文字颜色，重点突出文字表现。

对比的网页文本配色

黄绿色的网页背景颜色，搭配蓝色与黄色的文字，网页中多处文本与背景采用对比色搭配的方式，突出表现文字，整个网页让人感觉充满活力。

文字颜色对比的处理

明度上的对比、纯度上的对比以及冷暖对比都属于文字颜色对比度的范畴。通过对颜色的运用能否实现想要的设计效果、设计情感和

设计思想，这些都是设计好优秀的网页所必须注重的问题。

4.2.3　网页文本配色要点

在进行网页配色前，应该注意些什么？

同色系文本配色

蔚蓝色有着天空一样的色彩，让人感觉舒适、轻松。文本的颜色采用与背景色同色系的深棕色搭配，和谐、自然，并且能够与网页色彩印象统一。

确定应用网页配色要领

先决定主要的色调，如暖、寒、华丽、朴实感所代表的色调意义，依照色调选择一种主要的颜色。

思考主要颜色应用在网页中的哪些位置比较合适，以营造出最佳的视觉效果。再选择第二、第三的辅助色彩。

在选择辅助色彩时，需要注意颜色的明暗、对比、均衡关系，同时在与主色调搭配使用时，需要考虑其面积大小的分配。

在配色过程中，最好能思考色彩间的关系，同时使用色盘作为对照工具，依照个人美感与经验进行微调。

必须先了解有关色彩与配色的基础知识与理论。

- 色彩的三属性：色相、明度、饱和度。

- 色彩与色相环。

- 色彩的功能，如色彩联想、色彩的心理感觉、色彩味觉等。

在配色前，还要考虑以下内容。

- 针对的对象以及目的。

- 商品的形象。

- 所需要传达的含义与机能。

清凉感的网页文本配色

绿色与黄绿色的搭配，让人感觉自然、清爽，在文字搭配时，采用同色系，不同明度的绿色和黄绿色搭配，色调统一，并且给人清凉、活力四射的感觉。

4.3　网页元素色彩搭配

网页中的几个关键要素，如网页 Logo 与网页广告、导航菜单、背景与文字，以及链接文字的颜色应该如何协调，是网页配色时需要认真考虑的问题。

4.3.1　Logo 与网页广告

Logo 和网页广告是宣传网站最重要的工具，所以这两个部分一定要在页面上脱颖而出。怎样做到这一点呢？可以将 Logo 和广告做得像象形文字，并从色彩方面与网页的主题色分离开来。有时候为了更突出，也可以使用与主题色相反的颜色。

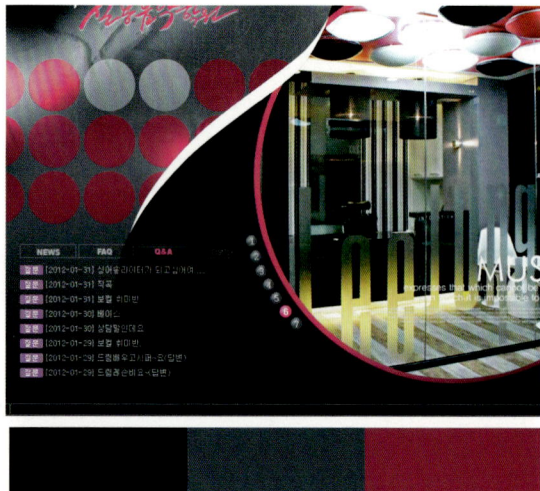

突出网页广告

该网页主体采用黑色和灰色作为背景色，通过明度和纯度较高的洋红色将网页中的广告部分突出表现出来。

柔和统一的网页广告

运用不同明度的紫色渐变作为整个页面的背景颜色，体现出非凡的魅力，网页中的广告应用低明度的咖啡色，表现温和，整个页面柔和统一。

对比突出的网页 Logo

网页使用明度较高的浅蓝色和浅黄色搭配，表现出柔和的印象，网页 Logo 则采用纯度较高的紫色，使得 Logo 在网页中的表现非常突出。

4.3.2　导航菜单

网页导航是网页视觉设计中重要的视觉元素，它的主要功能是更好地帮助用户访问网站内容，一个优秀的网页导航，应该立足于用户的角度去进行设计，导航设计的合理与否将直接影响到用户使用时的舒适与否，在不同的网页中使用不同的导航形式，既要注重突出表现导航，又要注重整个页面的协调性。

导航菜单是网站的指路灯，浏览者要在网页间跳转，要了解网站的结构和内容，都必须通过导航或者页面中的一些小标题。所以网站导航可以使用稍微具有跳跃性的色彩，吸引浏览者的视线,让浏览者感觉网站结构清晰、明了，层次分明。

突出表现网页导航菜单
网页使用高明度的浅蓝色作为网页背景色，搭配高纯度的蓝色和紫色组成的导航菜单，栏目清晰、明确。

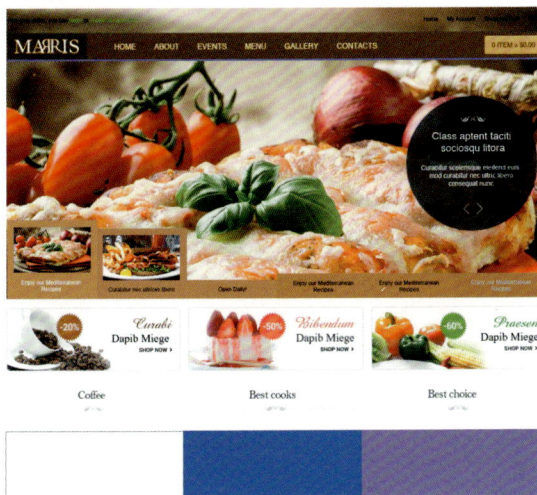

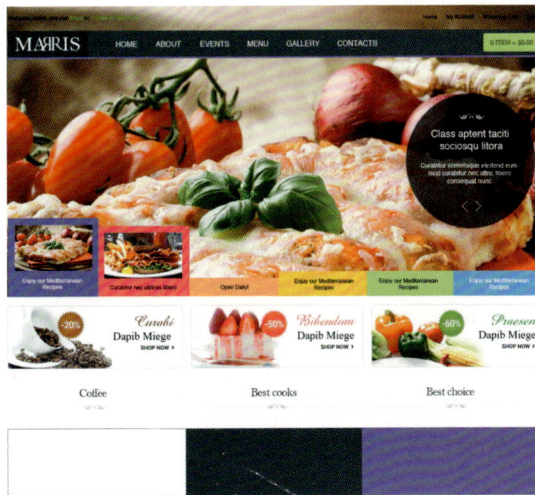

导航与背景颜色接近
主导航菜单与副导航菜单使用同色系颜色，并且导航菜单的色彩与背景图像的色彩相接近，辨识度较低。

多彩色突出表现导航菜单
主导航菜单使用灰色与背景的色彩差异较大，副导航菜单采用高纯度的多彩色，表现丰富、清晰。

4.3.3　背景与文字

如果一个网站用了背景颜色，必须要考虑到背景用色与前景文字的搭配问题。一般的网站侧重的是文字，所以背景可以选择纯度或者明度较低的色彩，文字用较为突出的亮色，让人一目了然。

突出背景与文字

有些网站让浏览者对网站留有深刻的印象，会在背景上做文章。比如一个空白页的某一个部分用了大块的亮色，给人豁然开朗的感觉。为了吸引浏览者的视线，突出的是背景，所以文章就要显得暗一些，这样才能与背景区分开来，以便浏览者阅读。

文字与网页背景色的对比

使用高纯度和低明度的绿色作为网页的背景色，给人感觉自然而幽静，搭配白色的文字，在深绿色的背景中非常显眼，页面让人感觉简洁、清晰。

艺术性网页文字

艺术性的网页文字设计可以更加充分地去利用这一优势，以个性鲜明的文字色彩，突出体现网页的整体设计风格，或清淡高雅、或原始古拙、或前卫现代、或宁静悠远。总之，只要把握住文字的色彩和网页的整体基调，风格相一致，局部中有对比，对比中又不失协调，就能够自由地表达出不同网页的个性特点。

艺术性网页文字色彩

使用蓝色和绿色作为网页的主色调，体现自然、健康的印象，通过橙色艺术文字的处理，使页面更加活泼。

4.3.4　链接文字

一个网站不可能只是单一的一个网页，所以文字与图片的链接是网站中不可缺少的一部分。现代人的生活节奏相当快，不可能浪费太多的时间去寻找网站的链接。因此，要设置独特的链接颜色，让人感觉它的与众不同，自然而然去单击鼠标。

链接文字颜色的重要性

这里特别指出文字链接，因为文字链接区别于叙述性的文字，所以文字链接的颜色不能和其他文字的颜色一样。

突出网页中链接文字的方法主要有两种，一种是当鼠标移至链接文字上时，链接文字将改变颜色；另一种是当鼠标移至链接文字上时，链接文字的背景颜色发生改变，从而突出显示链接文字。

文字与网页背景色的对比

使用高纯度的色彩作为网页背景色，搭配白色的文字，链接文字在不同状态下都保持与背景的强对比。

改变链接文字背景颜色

网页中的链接文字与背景色使用弱对比色配色，当链接移至链接文字上时，改变链接文字背景色，从而进行区分。

改变链接文字颜色

使用对比色进行搭配，能够有效地突出网页中的文字，当鼠标移至链接文字上时，改变链接文字的颜色。

73

第**5**章

网页配色的选择标准

5.1　根据行为选择网页配色

通常人们对色彩的印象并不是绝对的，会根据行业的不同产生不同的联想，如提起医院，人们常常在脑海中联想到白色；说到邮局，往往会想到绿色，这是从时代与社会中逐渐固定下来的知觉联想，充分利用好这些职业色彩的印象，在设计网页时所挑选的颜色更能引起人们的共鸣。

在选定网页配色的时候，除了要以主观意识作为基础的出发点，还需要辅以客观的分析方法，如市场调查或消费者调查，在确定颜色之后，还要结合色彩的基本要素，加以规划，以便更好地应用到设计中。

健康行业网页配色

使用高明度的蓝色与白色相搭配，体现出页面的清爽、干净，使用墨绿色作为点缀色，体现出健康的理念。

依照行业的特点所归纳出来的行业形象色彩表

色　系	符合的行业形象
红色系	食品、电器、计算机、电器电子、眼镜、化妆品、宗教、照相、光学、服务、衣帽百货、医疗药品、餐厅
橙色系	百货、食品、建筑、石化
黄色系	房屋、水果、房地买卖、中介、古董、农业、营养、照明、化工、电气、设计、当铺
咖啡色系	律师、法官、鉴定师、会计师、企业顾问、秘书、经销代理商、机械买卖、土产业、土地买卖、丧葬业、石板石器、水泥、防水业、建筑建材、沙石业、农场、鞋业、皮革业

（续表）

色 系	符合的行业形象
绿色系	艺术、文教出版、印刷、书店、花艺、蔬果、文具、园艺、教育、金融、药草、公务界、政治、司法、音乐、服饰纺织、纸业、素食业、造景
蓝色系	运输业、水族馆、渔业、观光业、加油站、传播、航空、进出口贸易、药品、化工、体育用品、航海、水利、导游、旅行业、冷饮、海产、冷冻业、游览公司、运输、休闲事业、演艺事业、唱片业
紫色系	美发、化妆美容、服饰、装饰品、手工艺、百货
黑色系	丧葬业、汽车界
白色系	保险、律师、金融银行、企管、证券、珠宝业、武术、网站经营、电子商务、汽车界、交通界、科学界、医疗、机械、科技、模具仪器、金属加工、钟表

美容行业网页配色

使用表现女性温柔和甜美的粉红色与灰蓝色配色，页面表现温和而可爱，使用洋红色突出重点内容。

食品行业网页配色

使用橙色作为网页的主色调，使用心情愉悦，与绿色相搭配，表现出健康、绿色，使人心情开朗。

5.2　根据浏览者对色彩的偏好选择颜色

　　设计者如果想在网页中恰当地使用色彩，就要从多个方面考虑色彩的实用性。首先，在设计网页之前必须要确定目标群体，即网页的浏览者，对浏览者有一些基本的了解，如年龄段、生活形态等，根据其特性找出目标群体对色彩的喜好以及可运用的素材，做好充分的选择，这对网页设计者来说是十分有帮助的。

5.2.1　根据性别选择颜色

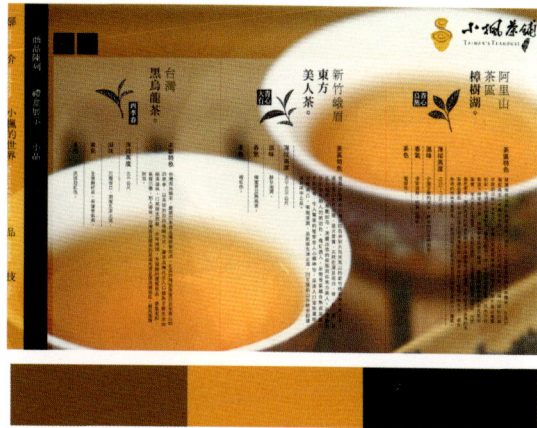

男性喜欢的网页配色
使用明亮度较高的暗绿色调与同色系相搭配，表现出顽强的生命力。使用橙色和灰色搭配，突出内容。

男性喜欢的网页配色
使用深黄色作为主色调，表现出平静、舒适的感受，与黄色和黑色相搭配，使页面色调统一而恬静。

男性对色彩的喜好

男　性	喜欢的色相	蓝色 深蓝色 绿色 黑色	
	喜欢的色调	暗色调	
		深色调	
		钝色调	

不同因素都会对浏览者喜爱的颜色产生影响

在同样的目标群体中，也会因职业、年龄和生活环境等各项因素对颜色的偏爱有所不同，或是因国家、民族的不同而有所差异。同样的颜色，在不同的时代或流行的趋势下，浏览者也会对其产生不同的观感，例如在过去，大多数人不喜欢黑色，认为它是不吉利、暗沉的象征，只有丧事才会使用，但是随着时代的变化，黑色已经成为高雅、品位的象征。

女性对色彩的喜好

女 性	喜欢的色相	红色 粉红色 紫色 紫红色 浅蓝色	
	喜欢的色调	淡色调	
		明亮色调	
		粉色调	

女性喜欢的网页配色

使用纯度较低的粉红色作为网页的主调，搭配同色系的洋红色和深红色，表现出女性的优雅和知性美。

女性喜欢的网页配色

使用明亮的浅蓝色作为网页主色调，搭配明亮的色调，使页面充满活力，表现出年轻女性的激情。

5.2.2　根据年龄阶段选择颜色

不同年龄阶段的人对颜色的喜好有所不同，比如老人通常偏爱灰色、棕色等，儿童通常喜爱红色、黄色等。

各年龄阶段喜欢的颜色

年龄层次	年　龄	喜欢的颜色	
儿童	0~12 岁	红色、橙色、黄色等偏暖色系的纯色	
青少年	13~20 岁	以纯色为主，也会喜欢其他的亮色系或淡色	
青年	21~40 岁	红、蓝、绿等鲜艳的纯色	
中老年	41 岁以上	稳重、严肃的暗色系或暗灰色系、灰色系、冷色系	

青少年喜欢的网页配色
使用明度和纯度较高的多种色彩进行搭配，表现出青少年活跃、年轻和充满活力的一面。

中老年喜欢的网页配色
使用纯度接近于灰色的黄色作为主色调，搭配简单的文字和图形，使整个页面稳重、宁静。

5.2.3　根据地域选择颜色

不同的国家的人对颜色的偏爱有所不同,比如中国人偏爱红色、黄色,而英国人喜欢金色、银色等。

不同地域喜欢的颜色

洲	国　家	喜欢的颜色
亚洲	中国	鲜艳的红色、黄色
	日本	白色、粉色等柔和色彩
	韩国	红色、黄色、绿色
	泰国	红色、黄色
	马来西亚	绿色、红色、橙色
	新加坡	红色、绿色、蓝色
	缅甸	番红、黄色等鲜艳色彩
	巴基斯坦	绿色、银色、金色
	阿富汗	红色、绿色
	印度	红色、黄色、蓝色、绿色、橙色
	菲律宾	红色、绿色、蓝色、深紫色、橙色、黄色
非洲	埃及	绿色
	摩洛哥	绿色、红色、黑色、鲜艳色
	毛利塔尼亚	绿色、黄色、浅绿色

（续表）

洲	图 家	喜欢的颜色					
非洲	利比亚	绿色					
欧洲	荷兰	橙色、蓝色					
	法国	蓝色、粉红色					
	爱尔兰	绿色					
	希腊	蓝色、白色					
	英国	蓝色、红色、金色、银色、白色					
	瑞士	红色、白色					
美洲	美国	粉红色、象牙色、浅蓝色、浅绿色、黄色、浅黄褐色					
	加拿大	素色					
	墨西哥	红色、白色、绿色					
	古巴	鲜明色系					
	秘鲁	红色、红紫色、黄色、鲜明色系					
	哥伦比亚	红色、蓝色、黄色、明亮色系					
	阿根廷	黄色、绿色、红色					

中国喜欢的颜色

明亮的红色和黄色都是中国传统的颜色，使用这两种颜色搭配表现出中国传统的喜庆、欢乐氛围。

韩国喜欢的颜色

使用高纯度的黄色作为网页背景色，搭配高纯度的橙色和蓝色，表现了欢快的氛围，很适合用于儿童网站配色。

欧洲国家喜欢的颜色

使用纯度较低的黄色作为主色调，表现出田园气息，与咖啡色和绿色相搭配，给人自然、舒适的感受。

美国喜欢的颜色

使用明亮的象牙色作为网页主色调，与纯度和明度都较低的偏暖色调相搭配，表现出温馨、和睦的氛围。

5.3 根据季节选择颜色

人类本来就会因为明亮的光线感到活力,天色一旦变黑,行动就会变得迟缓渐渐进入睡眠状态,就像植物沐浴在阳光下成长一样,只要是生物,对光都会有敏感性,离开光就无法生存。人们都知道一年是分四季的,可是人也是分四季的,大家知道吗?

人体的体色有六大特征,即冷、暖、浓、淡、鲜、浊。人体的体色体现在血红素、核黄素、黑色素。我们把人体的六大特征和四季的变化相结合分为:春、夏、秋、冬四季。

春季适合的颜色

说 明	人体特征的体现	配色规律
像春天的花朵,明媚、鲜艳、充满活力、富有朝气	暖: 发色偏黄,皮肤白里透红。 淡: 头发稀少,轻柔飘逸,眉毛淡而少,皮肤薄而透。 鲜: 皮肤亮丽有光泽,眼睛明亮可爱,眼白呈湖蓝色	使用黄色系作为底色最为适宜,因为它的基因色特征决定了温暖而明亮、活跃的颜色才能够衬托出春季型人的活泼、美丽、年轻而可爱的气质。在色彩搭配上应该遵循鲜明对比的原则来突出表现朝气。春季型人不适合用黑色和藏蓝色,可以使用驼色、棕金色、亮蓝色来代替
用色范围		
春季适合搭配一些纯度和明亮较高的色彩,这样可以给人感觉生机勃勃、富有活力。尽可能避免使用一些浓重的纯色和深色调		

适合春季的网页配色

使用浅黄色作为网页主色调,搭配同色系的黄色与邻近的黄绿色,给人一种春意盎然的印象。

夏季适合的颜色

说　明	人体特征的体现	配色规律
像山水画,朦胧、清爽、温柔、亲切,有女人味	冷:头发、眉毛黑。 淡:头发眉毛稀少,眼睛温柔,眼白呈乳白色。 鲜:皮肤薄但不透明,嘴唇发旧	夏季属冷色系,适合使用一些能够表现恬静、清爽的颜色,例如浅蓝色、水粉色、水绿色、浅灰色等。为了不破坏夏季型人的独有的亲切温和感觉,在色彩搭配上应该尽量避免反差和强对比的颜色,适合在相同色系或相邻色系中进行对比搭配
用色范围		
夏季适合以蓝色作为主色调,配合一些明度和纯度较高的色彩,表现出恬静、清爽、悠闲的感觉。但需要注意,夏季型人不太适合藏蓝色		

适合夏季的网页配色
使用纯度较高的绿色作为网页主色调,与同色系的绿色和对比的橙色相搭配,让人感觉清爽、丝丝凉意。

适合夏季的网页配色
使用明度较高的蓝色作为主色调,搭配对比色红色和橙色,营造出自然、清爽、干净整洁的画面。

秋季适合的颜色

说　明	人体特征的体现	配色规律
时尚、都市化、成熟	暖：眼白呈象牙色 浓：头发眉毛浓密 浊：嘴唇发旧	秋天属性的色彩，是一个饱满、浓郁、浑厚的暖基调色彩群，给人无限遐想。配色上可以使用栗色、亚麻色、棕色、午夜蓝色、玫瑰色、杏色等，整体需要表现出成熟、稳重、深邃、高贵的感觉
用色范围		
秋季适合选择的颜色要温暖、浓郁。浓郁而华丽的颜色能够表现出成熟高贵的感觉		

适合秋季的网页配色

秋季是收获的季节，使用纯度和明度都较低的黄色作为网页主色调，搭配绿色和咖啡色，表现出食物的浓郁、香醇。

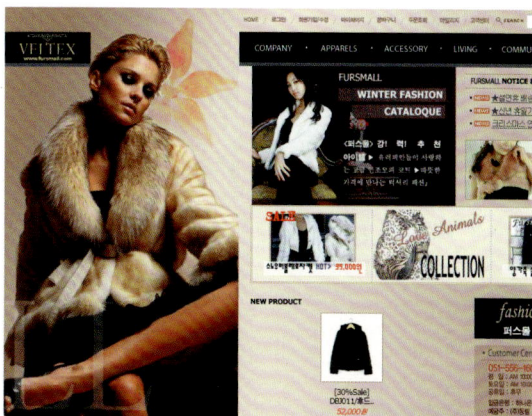

适合秋季的网页配色

使用纯度较低的高明度黄色与纯度和明度都低的黄色搭配，通过黑色进行点缀，表现出时尚、高贵和成熟。

冬季适合的颜色

说 明	人体特征的体现	配色规律
冷艳醒目、与众不同、个性鲜明	冷：眼白呈浅蓝色。 浓：头发浓密，眉毛浓粗黑硬。 鲜：皮肤白皙透明，目光深邃犀利	一个大胆、强烈、纯正、饱和的冷基调色彩群和无彩色比较符合冬季的色彩属性。例如，深蓝色、松绿色、酒红色、深紫色、冰蓝色、黑色、白色等。冬季，有纯洁、有冷酷、有矛盾、有个性
用色范围		
冬季色彩基调体现的是"冰"色，即体现冷艳的美感。原汁原味的原色，如红色、宝石蓝色、黑色、白色等为主色，浅蓝、浅绿等皆可以作为辅助配色		

适合冬季的网页配色

使用冬季大自然的色彩作为网页的背景色，搭配纯度较高的红色和深蓝色，体现出冬季的特色。

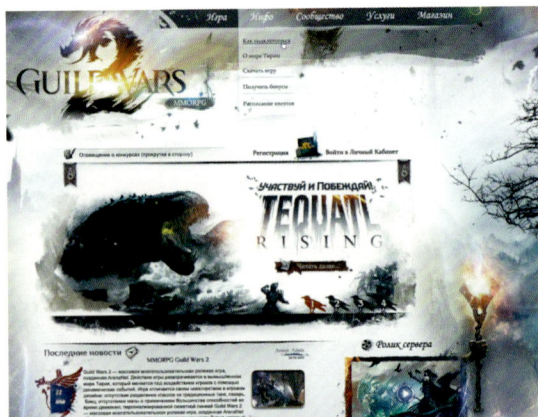

适合冬季的网页配色

冬季的色彩是单调的，使用接近于灰色的灰蓝色与灰色相搭配，表现出冷艳的印象，个性鲜明。

5.4　根据色彩形象联想分析选择颜色

　　设计者想让所制作出的网页传达什么样的形象，给人什么样的感觉，与色彩的选择有很大的关系。

　　色彩有各种各样的心理效果和情感效果，会引起各种各样的感受和遐想。比如看见绿色的时候会联想到树叶、草地，看到蓝色时，会联想到海洋、水。不管是看见某种色彩或是听见某种色彩名称的时候，心里就会自动描绘出这种色彩带给我们的或喜欢、或讨厌、或开心、或悲伤的情绪。这种对色彩的心理反应、联想到的东西多半与每个人过去的经历、生活环境、家庭背景、性格、职业等有着密切的关系，虽然每个人都会有所差异，但在设计网页时，仍需要以大多数人的联想为依据，这样可以避免产生较大的形象误差。

色彩的联想

颜　色		具体联想	抽象联想
红色		火焰、太阳、血色、苹果、草莓、玫瑰花	热情的、危险的、愤怒的、炎热的、勇气的、兴奋的
橙色		夕阳、南瓜、橘子、柿子	积极的、活力的、快乐的
黄色		月亮、星星、向日葵、鲜花、柠檬、香蕉、黄金	活泼的、醒目的、光明的、幸福的

红色的网页配色

该网页使用红色作为网页主色调，使用大红色与深红色相搭配，体现出兴奋和激情的印象。

橙色的网页配色

使用黄色到红橙色的渐变颜色作为网页背景，与明亮的黄色和高纯度的红色搭配，体现出快乐和活泼的感觉。

色彩的联想

颜 色			具体联想	抽象联想
绿色			自然、植物、叶子、西瓜、邮局、蔬菜	悠闲的、环保的、放松的、健康的、协调的、年轻的、新鲜的
蓝色			天空、大海、清水、湖泊、山川	清凉的、寒冷的、冷静的、庄严的、诚实的、清爽的、神圣的
靛色			制服、茄子	认真的、严格的、沉着的、顺从的、孤立的
紫色			藤花、紫罗兰、葡萄、紫水晶	神秘的、高贵的、富有灵性的、忧郁的、浪漫的
黑色			夜晚、黑暗、乌鸦、黑发、墨、礼服、丧服、墨水	死亡的、神秘的、高级的、厚重的、恐怖的、邪恶的、绝望的、孤独的
白色			雪、云、兔子、纸、婚纱、白衣、天鹅、白米、盐、砂糖、牛奶	清洁的、纯真的、新鲜的、正义的、圣洁的、寒冷的
灰色			云、烟雾、阴沉的天空、水泥、沙子、老鼠	朴素的、优柔寡断的、模糊的、忧郁的、消极的、暗沉的

绿色的网页配色

该网页使用绿色作为主色调，墨绿色表现出深邃、宁静，浅绿色表现出活力，整个页面让人感觉宁静、自然。

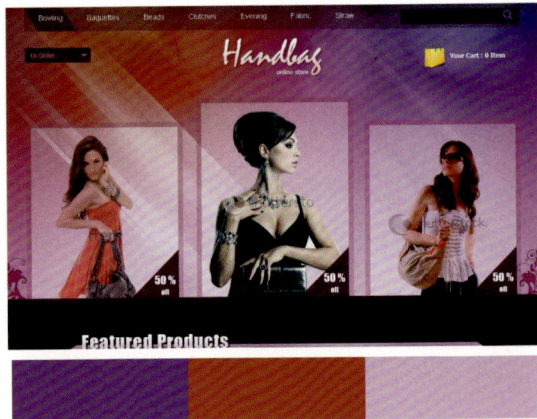

紫色的网页配色

使用不同明度和纯度的紫色相搭配，体现出女性高贵、浪漫的气质，用于女性服饰网站非常合适。

5.5　根据商品销售阶段选择颜色

色彩堪称世界性语言，在市场日趋成熟，竞争品牌林立的大环境中，要使你的品牌具有明显区别于其他品牌的视觉特性，更富有魅力，刺激和指导消费者，以及增加消费者对品牌形象的记忆，色彩语言的运用极为重要。

色彩也是商品更重要的外部特征，决定着产品在消费者脑海中是去是留的命运，而色彩为产品创造的高附加值的竞争力更为惊人。在产品同质化趋势日益加剧的今天，如何让你的品牌第一时间"跳"出来，快速锁定消费者的目光？

商品导入期的配色

该网页使用浅灰色渐变为背景主页色调，搭配不同纯度的红色，突出商品的效果，直观并且重点突出。

5.5.1　商品导入期

新的商品刚刚推入市场，还并没有被大多数消费者所认识，消费者对新商品需要有一个接受的过程，如何才能够强化消费者对新商品的接受程度呢？为了加强宣传的效果，增强消费者对新商品的记忆，在该新商品宣传网页的设计中，尽量使用色彩艳丽的单一色系色调为主，以不模糊商品诉求为重点。

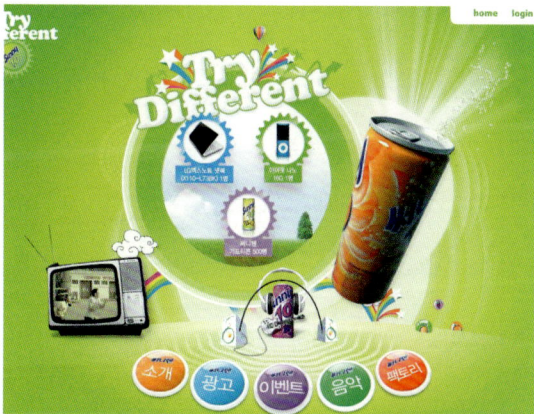

商品导入期的配色

使用黄绿色到绿色的渐变颜色作为网页主色调，让人感觉充满生命力，简约随意的图形搭配，多彩色的按钮图形，使页面非常活跃，给人留下活力、愉快的印象。

5.5.2　商品拓展期

经过了前期对商品的大力宣传，消费者已经对商品逐渐熟悉，商品也拥有了一定的消费群体。在这个阶段，不同品牌同质化的商品也开始慢慢增多，无法避免地产生竞争，如何才能够在同质化的商品中脱颖而出呢？这时候商品宣传网页的色彩必须要以比较鲜明、鲜艳的色彩作为设计的重点，使其与同质化的商品产生差异。

色彩的重要性

现代社会宛如信息的海洋，随时都有排山倒海的信息汹涌而来，消费者置身其中，往往茫然不知所措，能让其在瞬间接受信息并做出反应，第一是色彩，第二是图形，第三才是文字。

商品拓展期的配色

使用鲜艳的蓝色作为网页主色调，搭配高纯度的绿色和黄色，使整个页面色彩鲜明、活跃，让人感觉愉悦。

不适合的拓展期配色

使用明度较高的蓝色作为网页主色调，搭配深蓝色和浅黄色，色调不够鲜明，主题不够突出。

商品拓展期的配色

使用高纯度的蓝色作为网页主色调，与高纯度的黄色和绿色搭配，网页色彩鲜明、对比强烈。

5.5.3　商品成熟期

经过不断的进步和发展，商品在市场中已经占有一定的市场地位，消费者对该商品也十分了解了，并且该商品拥有一定数量的忠实消费者。在这个阶段，维护现有顾客对该商品的信赖就会变得非常重要，此时在网页设计中所使用的色彩，必须与商品理念相吻合，从而使消费者更了解商品理念，并感到安心。

色彩对于商品定位的重要性

色彩的定位会突出商品的美感，使消费者从产品的外观和色彩上看出商品的特点，从色彩中产生相应的联想和感受，从而接受产品。

商品成熟期的配色

使用深蓝色作为网页主色调，围绕着企业形象色彩进行搭配，强化企业形象和产品。

不适合的成熟期配色

使用蓝色的天空作为网页主色调，与红色和绿色相搭配，色彩搭配没有问题，但与产品给人的印象不统一。

商品成熟期的配色

使用鲜明的黄色作为网页主色调，搭配产品的红色和绿色，使人感觉温暖且与商品理念相吻合。

5.5.4　商品衰退期

市场是残酷的，大多数商品都会经历一个从兴盛到衰退的过程，随着其他商品的更新，更流行的商品出现，消费者对该商品不再有新鲜感，销售量也会出现下滑，此时商品就进入衰退期。这时要维持消费者对商品的新鲜感，便是最大的重点，这个阶段网页所使用的颜色必须是流行色或有新意义的独特色彩，将网页从色彩到结构做一个整体的更新，重新唤回消费者对商品的兴趣。

商品衰退期的配色

使用鲜艳的黄绿色与绿色相搭配，赋予产品绿色、健康、自然的印象，整体色调统一、和谐。

商品衰退期的配色

使用统一的绿色进行搭配，页面给人感觉自然、清爽，但缺乏亮点，不能引起浏览者的注意，吸引力不强。

商品衰退期的配色

使用墨绿色与朱红色搭配，在网页中形成柔和的对比效果，给人眼前一亮的感觉，重新唤起人们对产品的兴趣。

第6章

色彩情感在网页配色中的应用

6.1　网页配色的冷暖

　　网页通过表面色彩给人以温暖、凉爽、寒冷的感觉，一般来说，自然界的冷暖感是由感觉器官触摸物体来感受的，但是色彩的传递被赋予了不一样的含义，物体借助色彩可以给人不一样的温度。

冷色不易靠近
页面中青色的背景和内容区域的蓝色背景占据主体，给人以寒冷、忧郁、不易接近的感觉。

暖色传递温暖
页面背景中的红色和黄色给人以温暖、积极的感觉，整个页面传递出亲近、温馨的印象。

暖色

　　颜色中的暖色有红色、橙色、黄色等，借助这些颜色使人联想到阳光和火焰，所以称为"暖色"。

暖色印象
页面中大片的橙色给人一种阳光的感觉，棕色的少量点缀顿时让页面充满了食欲感。

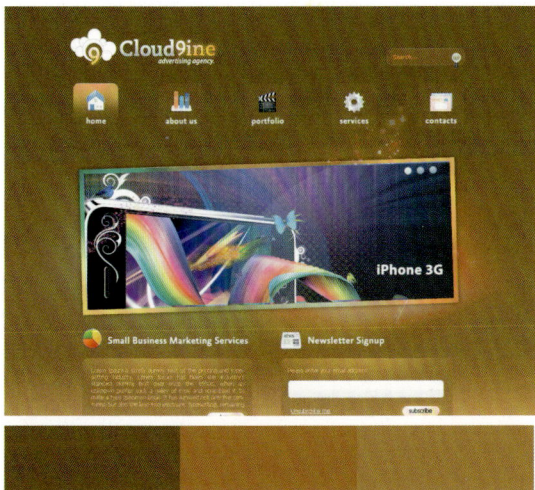

暗色调过于单调

暗色调使页面过于灰暗，整体风格突显尊贵、奢华，这与网页所要传达的专业、理性思想内容不吻合。

冷色回归冷静

页面中的蓝色给人理性、冷静的感受，蓝色的明暗度分布又让人有一种科技感十足的印象。

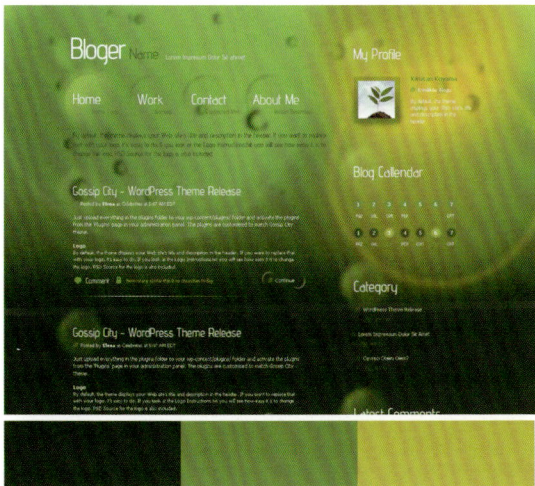

冷色

绿色、青色、蓝色等颜色容易让人联想到黑夜和寒冷，所以称为"冷色"。

中性色

绿色和紫色是中性色彩，刺激小，效果介于红色和蓝色之间。中性色彩使人产生休憩、轻松的情绪，可以缓解压力，消除疲劳感。

6.2 网页配色的轻重

　　各种色彩给人的轻重感不同，从色彩得到的重量感，是质感与色感的复合感觉。浅色密度小，有一种向外扩散的运动现象，给人一种质量轻的感觉。深色密度大，给人一种内聚感，从而产生分量重的感觉。

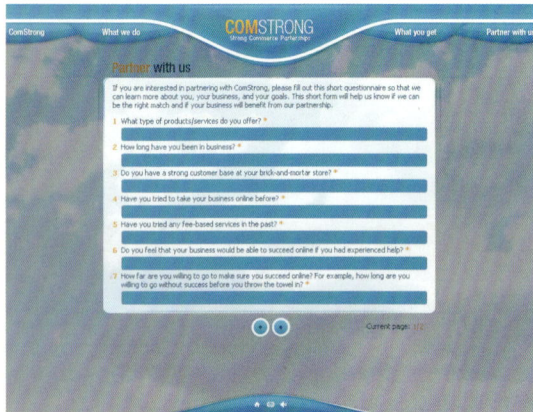

明度低导致页面沉重
页面背景明度的降低导致整个页面过于灰暗，给人一种压抑、沉重的心理印象。

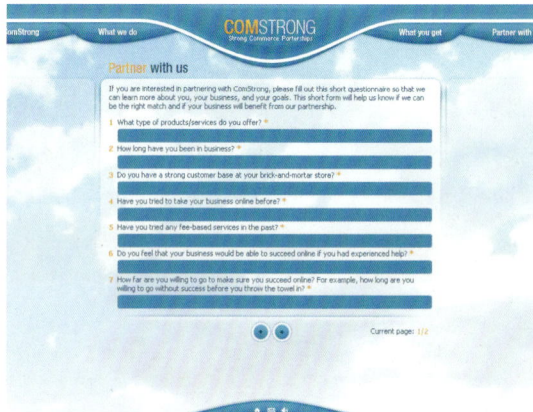

明度高产生轻柔漂浮感
页面背景明度提高，色彩感减轻，让人产生一种悬浮于空气中的感觉，使人心情愉悦、舒适。

色彩的轻感

　　色彩的轻重主要与色彩的明度有关。明度高的色彩使人联想到蓝天、白云、棉花等，产生轻柔、漂浮、上升、敏捷、灵活等感觉。

色彩的漂浮感
网页背景中明度较高的蓝色和白色让人有一种漂浮上升的感觉，给人一种乐观向上的印象。

灰白页面明度差异化小
页面颜色明度低，但金属质感不佳，灰白色的明度对比不够强烈。

明度差异化大增强沉重力度
页面颜色明度低，色彩沉重感强，金属色表现明显，给人以稳定降落的感觉。

色彩的重感

明度低的色彩使人联想到钢铁、大理石等，产生沉重、稳定、降落等感觉。

背景的深色调给人一种神秘、隐藏的感觉，明度低的青色让人感受到大理石的一种沉重感。

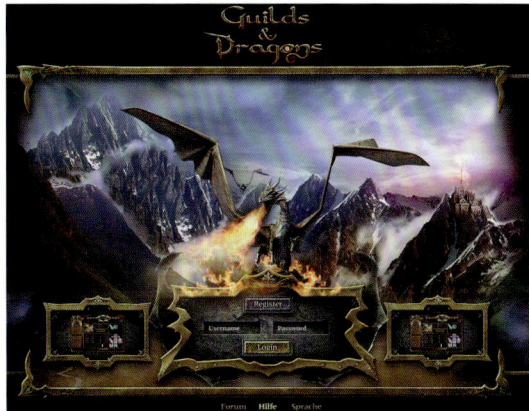

接近钢铁的颜色给人一种沉重、降落的感受，网页中的金属颜色表现出一种稳定感。

6.3　网页配色的软硬

色彩的软硬主要来自色彩的明度，但与纯度也有一定的关系。

明度低色彩感僵硬

页面背景颜色明度较低，整个页面风格比较硬，印象冷峻刻板，虽然有暖色的加入，但所占面积过小。

明度高、纯色低增强色彩软感

页面色彩明度高、纯色低，给人一种明亮、愉快的感觉，黄色和红色的加入也给页面注入了一股活力。

色彩的软感

明度越高感觉越软，明度高、纯色低的色彩有柔软感，中纯度的色彩也呈现柔软感。

色彩的软感

色彩明度较高的浅橙色给人一种柔和的感觉，体现了孩子的一种天真无邪，页面给人一种童真的印象。

 **灰暗度过高，色值对比不抢眼**

整个页面明暗对比弱，仿佛笼罩了一层朦胧感，给人一种低调、内敛的印象。

 **色彩明度低，纯度高，硬感明显**

页面虽然色彩鲜艳，但色彩纯度较高，明度较低，给人一种硬冷的印象。

色彩的硬感

　　色彩明度低则感觉越硬，但白色反而感觉较软，高纯度和低纯度的色彩都呈现出硬感，如果它们的明度也低，则硬感更明显。

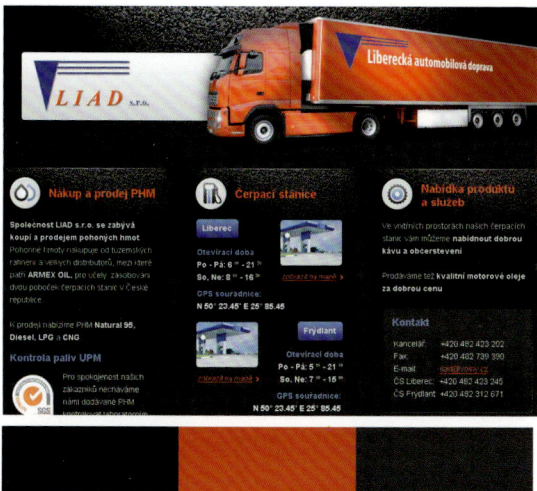

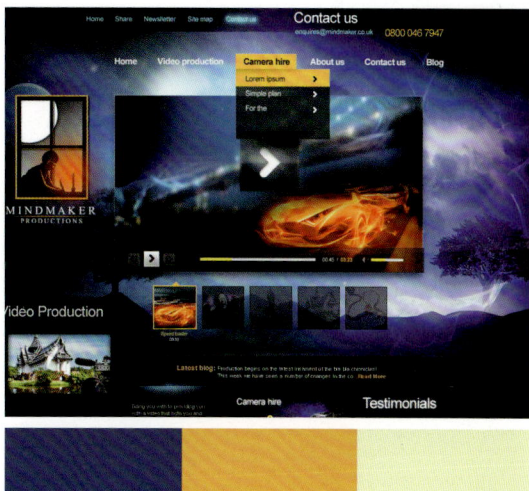

黑色带有一种深沉和理性，背景使用不同明暗度的黑色进行配色，让人有一种坚硬的印象。

蓝黑色的背景显得深沉、冷静，搭配上纯度较高的黄色和红色，给人一种硬朗的印象。

6.4 网页配色的前后

　　各种不同波长的色彩在人眼视网膜上的成像有前后，红色、橙色等光波长的颜色在视网膜之后成像，感觉比较迫近，蓝色、紫色等光波短的颜色则在视网膜之前成像，在同样距离内感觉就比较后退。实际上这是一种视觉错觉。

色彩低沉导致情感的忧郁
网页页面中主要区域内容的背景色过暗，使整个页面显得过于低沉，感情色彩过于忧伤。

色彩的前进感
网页的背景为深棕色，主要内容区域的大片橙色让页面有了一种前进感，增强了网页的产品形象。

色彩的前进感

　　一般暖色、纯色、高明度色、强烈对比色、大面积色、集中色等有前进感。

色彩的迫近感
将白色页面背景覆盖上颜色纯度较高的暖色：红色和黄色，使页面有了一种紧张感。

暖色不够突出主题

页面中的黄色纯度较高，营造了网页中的一种轻松、愉快的氛围，很难给人严谨、慎重的印象。

色彩的后退感

蓝色背景给人以冷静、客观、慎重的印象，在页面中，低明度的蓝色让人产生了一种后退感。

色彩的后退感

与颜色的前进感相反，冷色、浊色、低明度色、弱对比色、小面积色、分散色等有后退的感觉。

在配色上，页面颜色对比程度较小，多选用了一些低明度的色相，让视觉产生一种后退感。

黑色的背景给人一种神秘、冷静的形象，主题图片内容上的浊色调让页面产生一种后退感。

6.5　网页配色的大小

色彩的对比冲突

页面中浅蓝色的背景色彩与网页中的产品色彩不协调，颜色发生冲突，给人一种错乱的感觉。

色彩的膨胀感

页面中的暖色和高明度色让人产生一种兴奋和愉悦，也使整个网页有了膨胀感和扩张感。

色彩的扩大感

　　由于色彩有前后的感觉，因此暖色、高明度颜色等有扩张、膨胀感。

整个页面的橙色给人一种动感十足的印象，配上周围的深棕色，让页面有了一种向外扩散、膨胀的特点。

高明度的颜色使页面有了一种扩张和膨胀感，给人一种深远、博大的色彩印象，周围暗色调的对比使这一效果更为明显。

色彩过多不够严谨

页面中的暖色与周围偏冷色调的颜色不搭，导致页面主题内容的不明确，造成一种色彩的失衡。

冷色色彩的收缩感

页面中突出产品的部分使用了冷色调，既突出了内容，又造成了页面的收缩感，使整个页面精练、整洁。

色彩的收缩感

　　冷色、低明度颜色等有收缩感。

整个页面的黑暗色调让页面中心内容得到了极大收缩，突出了页面的内容。

青色给人一种清凉、爽快的印象，页面中被收缩的区域使用了蓝色，颜色层次鲜明。

6.6　华丽感与朴实感

色彩的三要素对华丽及质朴感都有影响，其中纯度关系最大。

色彩对比度较弱

页面色彩冷色居多，对比度不够明显，色相明度过低，文字内容不够突出。

丰富的色彩，色彩对比度强烈

冷暖色对比强烈，明暗度的控制使页面充满质感，色彩的丰富使整个页面华丽多彩。

色彩的华丽感

明度高、纯度高的色彩，丰富、强对比的色彩使人感觉华丽、辉煌。但无论何种色彩，如果带上光泽，都会获得华丽的效果。

色彩的光泽带来页面华丽感

页面中的色彩丰富，纯度较高，虽然颜色选择上偏冷，但是带上光泽会给人一种质感非常强的印象。

色彩对比度强，页面喧闹

青色给人一种自然、清新的印象，但深红色与浅绿色的对比过于明显、强烈，打破了这一印象。

色彩弱对比，页面质朴自然

页面色彩明度低、纯度低，色彩对比较弱，青色和黄绿色让人感觉质朴、清新、自然。

色彩的质朴感

明度低、纯度低的色彩，单纯、弱对比的色彩感觉质朴、素静。

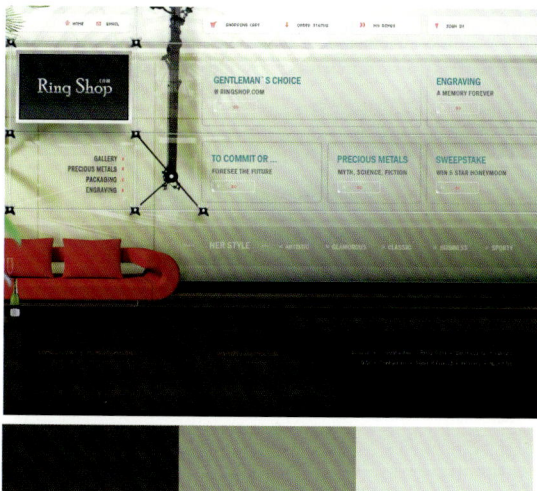

页面采用了淡弱的绿色系和黄色系进行了配色，给人一种气定神闲的感受。

整体页面使用了明度低、纯度低的淡黄色，给人一种和谐、平静和舒适的感觉。

6.7　宁静感与兴奋感

对色彩的兴奋感和宁静感最显著的是色相。

黄绿色传递清新、自然的感觉
深绿色与黄绿色的搭配使整个页面显得清新自然，又有一种虚幻、飘渺的印象。

蓝绿色传递沉寂、浓郁的感觉
蓝色和蓝绿色的搭配让整个页面充满沉寂、浓郁的感觉，白色的搭配又有着一种空旷、万籁俱寂的感觉。

色彩的宁静感

蓝色、蓝绿色、蓝紫色等色彩使人感到沉着冷静，低明度和低纯度的颜色呈现沉静感。

色彩的宁静感
蓝色的背景让人感到沉着、冷静，页面中低明度和低纯度的柔和蓝色给人一种沉静、安稳的印象。

冷色减少热情

作为一个宣传食品的网站,使用蓝色这样的冷色作为背景会减少浏览者的兴奋感,减少食欲。

鲜艳色彩带来兴奋感

网页中使用了红色、黄色和橙色三种主要色彩,鲜艳而明亮的色彩会让人产生兴奋感,使食欲增强。

色彩的兴奋感

红色、橙色、黄色等鲜艳而明亮的色彩给人以兴奋感,高明度和高纯度的颜色也会产生兴奋感。

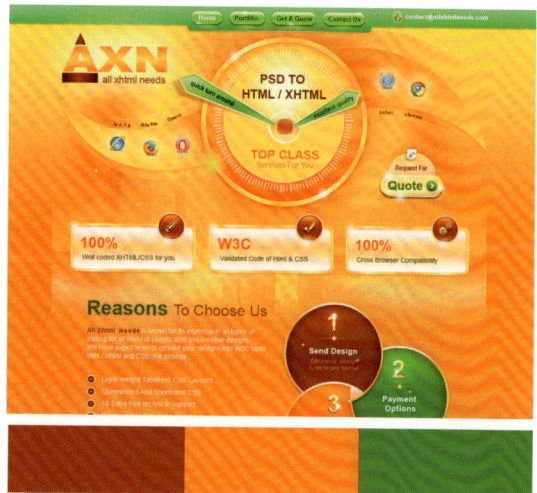

灰色的背景更加突显了红、橙、黄三色的色彩鲜艳度,让人能产生兴奋感。

整体页面色彩呈现一种高明度、高纯度的样式,鲜艳而明亮,让人产生兴奋感。

107

6.8　活力感与庄重感

浅蓝色带来清爽、冰凉的感觉

页面色彩以冷色为主，通过控制色彩明暗度的对比来呈现不同的内容区域，整体给人以清澈、凉爽的感觉。

冷暖色彩带来活泼、跳跃的感觉

以高纯度的暖色作为主色背景，与内容之间的冷色蓝色形成强烈对比，给人带来时尚、生动、活泼的感觉。

色彩的活力感

暖色、高纯度颜色、丰富多彩的颜色、强对比颜色会使人感觉跳跃、活泼、有朝气。

页面运用各种丰富多彩的颜色，并且每种颜色的纯度都非常高，整体风格让人感觉充满活力。

页面背景中的深蓝色与页面中火光特效所呈现的亮色形成强烈对比，使整个页面充满动感、活力与激情。

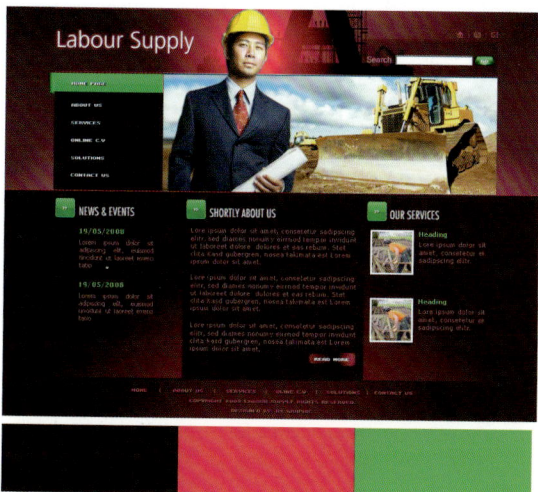

色彩涣散不严谨

紫色背景与网页的主题内容不符，导致整个页面在内容思想上的涣散与不严谨。

色彩庄重严肃

深蓝色的背景让人感觉庄重、严肃，这与网页所传达的安全、专业等一些思想相吻合。

色彩的庄重感

冷色、低纯度的颜色、低明度的颜色会使人感觉庄重、严肃。

页面以深红色和深紫色为主色调，塑造了一种高贵、庄重的形象，明暗度和色彩冷暖度比例适中，给人一种高雅、尊贵的印象。

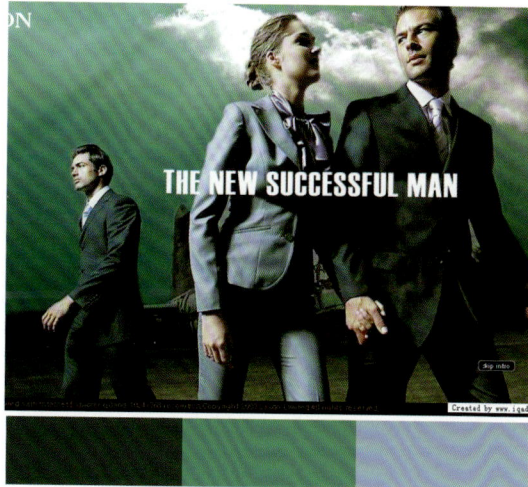

页面使用了明度较低的蓝绿色作为背景，加上人物深灰色的衣服颜色，整体呈现庄重、严肃的形象。

109

第 **7** 章

色彩对比在网页配色中的应用

7.1 冷暖对比的配色

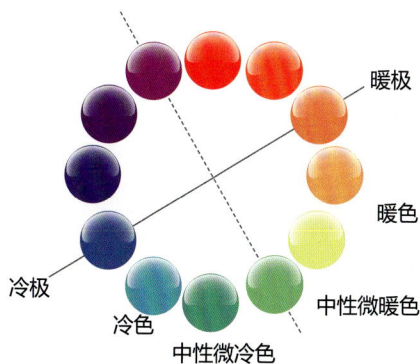

暖极

暖色

中性微暖色

冷极

冷色

中性微冷色

利用冷暖差别形成的色彩对比称为冷暖对比。在色相环上把红、橙、黄称为暖色，把橙色称为暖极；把绿、青、蓝称为冷色，把天蓝色称为冷极，如左图色相环所示，在色相环上利用相对应和相邻近的坐标轴就可以清楚地区分出冷暖两组色彩，即红、橙、黄为暖色，蓝紫、蓝、蓝绿为冷色。同时还可以看到红紫、黄绿为中性微暖色，紫、绿为中性微冷色。

7.1.1 对比程度

色彩冷暖的强对比程度

色彩冷暖对比的程度分为强对比和极强对比，强对比是指暖极对应的颜色与冷色区域的颜色进行对比，冷极所对应的颜色与暖色区域的颜色进行对比，极强对比是指暖极与冷极的对比。

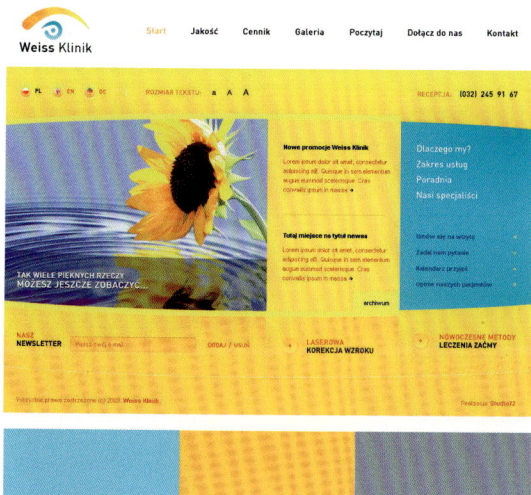

色彩强对比程度
橙色与蓝绿色的对比让整个页面层次明显，色彩对比的艳丽程度不是很强，偏温和。

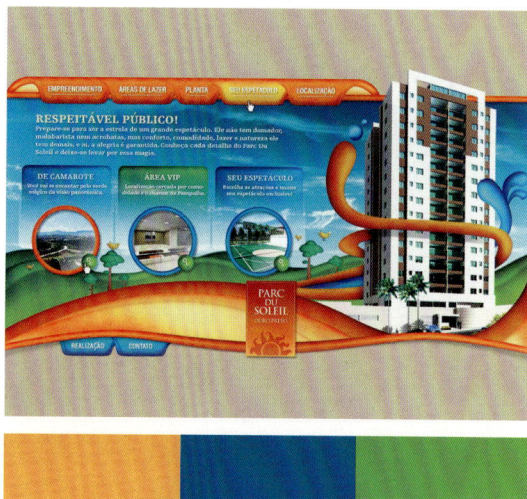

色彩的极强对比程度
蓝色与橙色的对比较强烈，颜色鲜艳，给人一种厚重的感受，绿色的加入缓和了页面颜色强对比所带来的刺激感。

色彩冷暖的弱对比程度

暖色与中性微冷色、冷色与中性微暖色的对比程度比较适中，暖色与暖极色、冷色与冷极色的对比程度较弱。

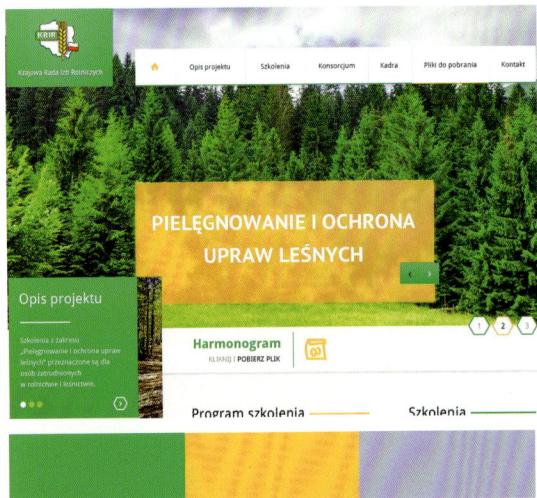

色彩的适中对比程度

暖色黄色与中性微冷色绿色的对比给人一种清新、生机勃勃的感受，对比程度适中，刺激性小。

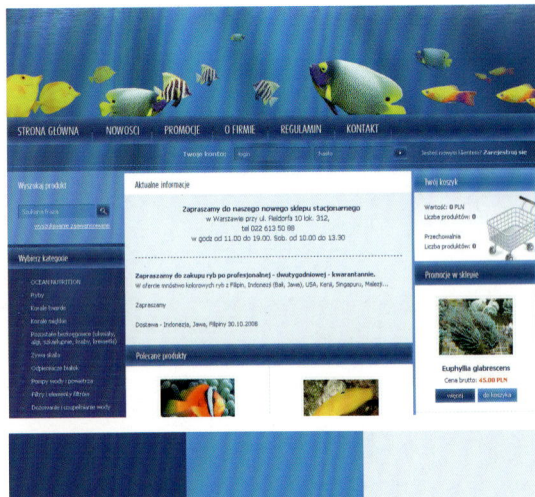

色彩的弱对比程度

页面整体以冷色为基调来表现海水的一种色彩，冷色之间的对比较弱，表现出页面的一种深沉与静谧。

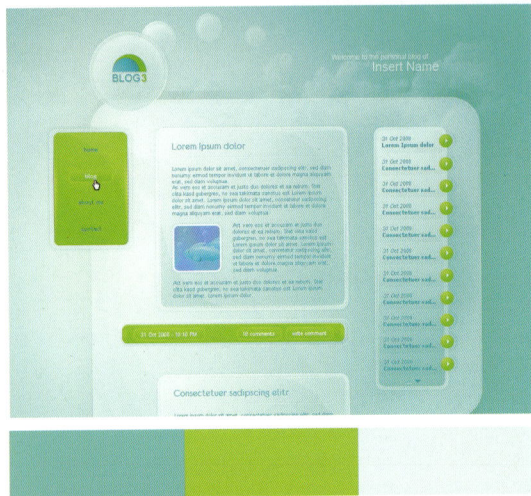

冷色蓝绿色与中性微暖色浅绿色的对比给人一种自然、通透、宁静的印象。

网页背景由橙色向黄色过渡，给人一种平稳、亲和的感受，红色的点缀丰富了网页的色彩。

7.1.2　心理感受

冷暖原本是人的皮肤对外界温度高低的感觉。色彩的冷暖感觉是物理、生理、心理及色彩本身等综合因素决定的。太阳、火焰等本身温度很高，它们反射出来的红橙色光有导势的功能。大海、蓝天、远山、雪地等环境，是反射蓝色光最多的地方，所以这些地方总是冷的。因此在条件反射作用下，一看见红橙色光都会感到温暖，一看到蓝色，心里就会产生冷的感觉。

在重量上，暖色偏重，冷色偏轻。在湿度感上，暖色干燥，冷色湿润。

色彩的冷暖受到明度、纯度的影响，暖色加白变冷；冷色加白变暖。另一方面，纯度越高，冷暖感越强；纯度降低，冷暖感也随之降低。

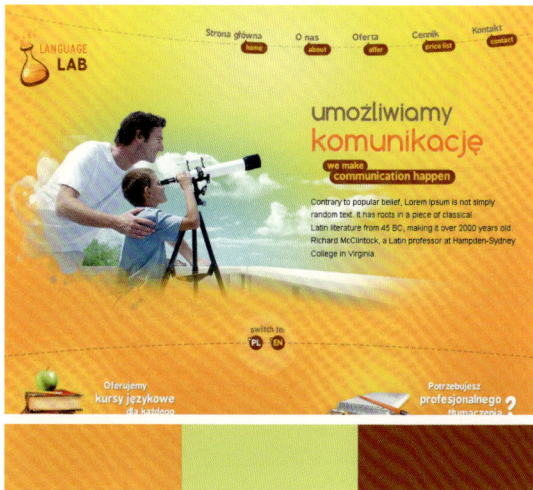

暖色充满温暖

网页从整体上偏暖色，给人一种温暖的印象，黄色的加入让人产生一种天真、浪漫的感受。

冷色带来寒冷

页面颜色整体偏冷，色彩纯度较高，给人一种寒冷的印象，绿色、红色、橙色的加入为页面增添了动感。

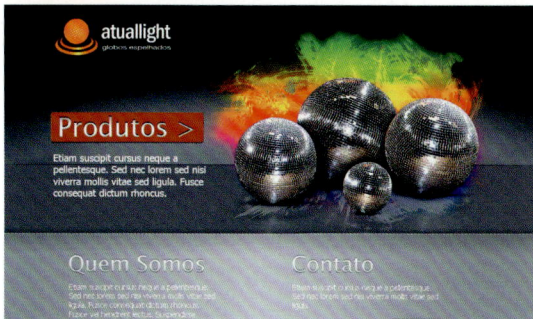

明度低，色彩感加重

页面色彩明度较低，黑灰色让人产生一种沉重感，红色、绿色、橙色的鲜艳度较高，加重了这一印象。

113

7.2　面积对比

色彩的面积对比就是指各种色彩在构图中占据量的多与少，面积的大与小的差别，将直接影响到画面的主次关系。在网页中使用两种或两种以上的色彩时，它们之间应该有什么样的比例才算是平衡的呢？也就是不使其中某一种色彩更加突出。有两个因素决定一种纯度色彩的力量，即它的明度和面积。

7.2.1　色彩面积大小

网页配色色彩面积的大与小

在同等纯度下，色彩面积大小不同，给人的感觉也不同。面积的大小与对人视觉的刺激度成正比，色彩面积越大，其可看见的程度和几率就越大，对视觉就会产生刺激。

如果在网页上使用大片的高亮度红色，会让人感到难以忍受；大片黑色会使人感到阴沉、灰暗，喘不过气；大片白色会让人感到空虚。当然，如果在网页上使用面积太小的色彩，也会难以被人发现，更不会带给浏览者什么感情色彩。

在网页配色时，首先要确定一种主色，使其成为网页中的大面积色，随后根据主色，选择你所需要的辅助色，使其成为一种小面积色，达到点缀网页、平衡网页色彩的效果。

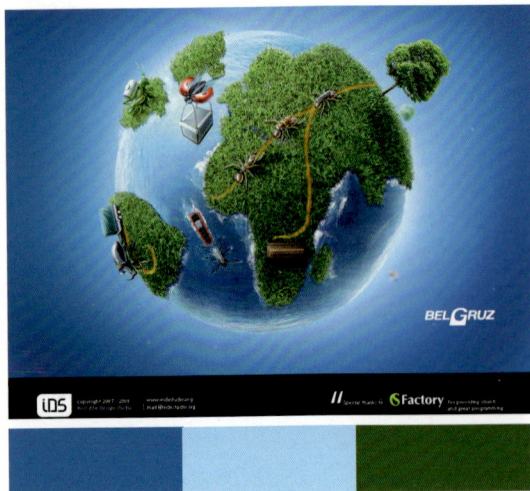

大面积的蓝色
页面的主要色调为蓝色，在页面中大面积地呈现，给人一种广阔、冷静、理性的印象。

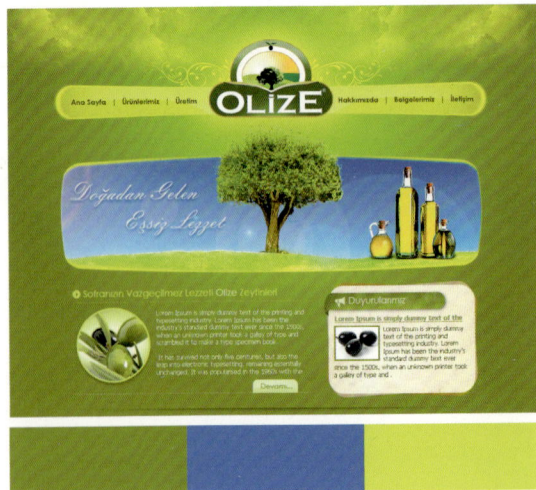

小面积的蓝色
页面的主要色调为绿色，给人一种自然、清新的印象，图片部分的小面积蓝色给人一种理性、高雅的印象。

网页配色色彩面积的对比

当在网页中使用两种颜色以相等的面积出现时，它们的冲突也会达到极限，使两种颜色有一种势均力敌的感受，色彩对比强烈，但如果降低两种颜色的明度，这种激烈程度可能会减小。

当面积对比悬殊时，会减弱色彩的强烈对比和冲突效果，但从色彩的同时性作用来说，面积对比越悬殊，小面积的色彩所承受的视觉感可能会更强一点，就好比"万花丛中一点绿"那样引人注目。

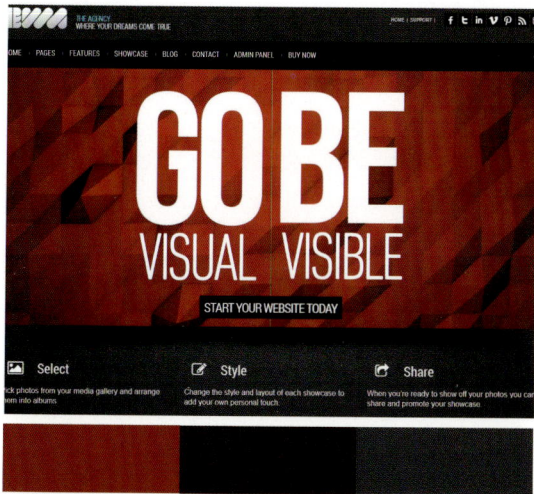

色彩对比度不强

网页背景的灰色给人一种神秘莫测感，内容区域使用了暗度较高的红色，整体对比性不强，主题不够突出。

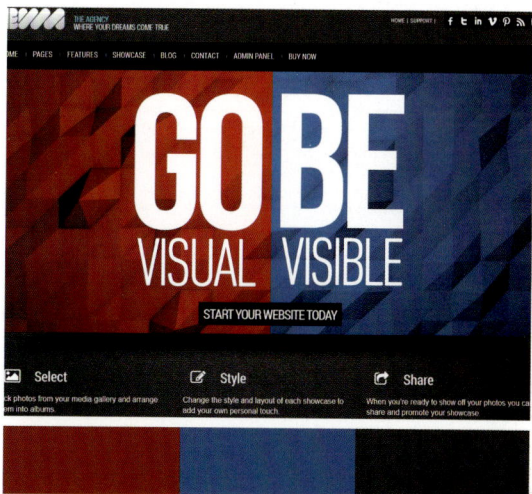

色彩面积相等，色彩刺激感强

网页中的红色与蓝色形成视觉上的强对比和刺激感，两种颜色的明度都较低，与网页背景相统一、协调。

小面积色彩的点缀

此页面的背景虽然无色，给人一种空虚感，但绿色和红色的点缀吸引了浏览者的注意，突出了网页内容。

115

7.2.2 色彩面积的位置关系

　　对比双方的色彩距离越近，对比效果越强，反之则越弱。双方互相呈接触、切入状态时，对比效果更强。如果一种颜色包围另一种颜色时，对比的效果最强。在网页设计中，一般是将重点色彩放置在视觉中心部分，最易引人注目。

色彩距离越近，对比效果越强

网页中深暗的黑色调与高亮的橙色调形成强烈对比，两种色彩相互接触、相互切入，色彩感十分强烈。

重点色彩的中心位置

页面以蓝绿色为主色调，给人一种凉爽、清澈的感受，中心位置的红色在视觉上被突出，引人注目。

网页中橙色的内容区域和蓝色区域分开了一小段距离，整体上的色彩对比不是很明显，给人一种理性、自然的印象。

网页中明亮的橙色将绿色的图片包围，色彩对比效果较强烈，网页的整体设计给人一种新潮、创意、大胆的印象。

7.3　色相对比

　　所谓的色相对比，其实就是指将不同色相的色彩组合在一起，由其产生的对比效果来创造出鲜明对比的一种手法。不同色相所形成的对比效果，是以色相环中位置距离越远的颜色来进行组合，距离越远，效果越强烈。

　　色相对比的强弱，可以根据色相在色相环中的间距去判断，在网页设计配色中，可以将色相环中的任意色相作为某个页面的主色，通过与其他色相组合进行配色，可以构成原色之间的对比、间色对比、补色对比、邻近色对比和类似色对比，以此来表现网页色彩色相之间不同程度的对比效果。

　　色相对比可以发生在饱和色与非饱和色之间。用未经混合的色相环纯色对比，可以得到最鲜明的色相对比效果。鲜明的颜色对比能够给人们的视觉和心理带来满足。

7.3.1　原色对比

　　红、黄、蓝三原色是色相环上最基本的三种颜色，它们不能由别的颜色混合而产生，却可以混合出色相环上所有其他的颜色。红、黄、蓝表现了最强烈的色相气质，它们之间的对比是最强的色相对比。如果在一个网页的配色中由两个原色或三个原色进行配色，就会令人感受到一种强烈的色彩冲突。

原色色彩冲突明显
网页中使用了红色和黄色两种原色，色彩冲突较强，刺激感明显，给人一种兴奋、动感的印象。

色彩众多带来艳丽、华美感
网页头部使用了红色、黄色、蓝色三原色，对比强烈，给人一种喧闹感，而大面积的蓝绿色给人一种自然、清新的印象。

117

7.3.2　间色对比

　　橙色、绿色、紫色是通过原色相混合而得到的间色，其色相对比略显柔和，自然界中植物的色彩许多都呈现间色，许多果实都为橙色或黄橙色，还经常可以见到各种紫色的花朵，例如绿色与橙色、绿色与紫色这样的对比都是活泼、鲜明又具有天然美的配色。

色彩类似，对比度不强

网页中使用了绿色和黄绿色两种色彩，页面统一、协调，但对比度不强，没有亮点和变化感。

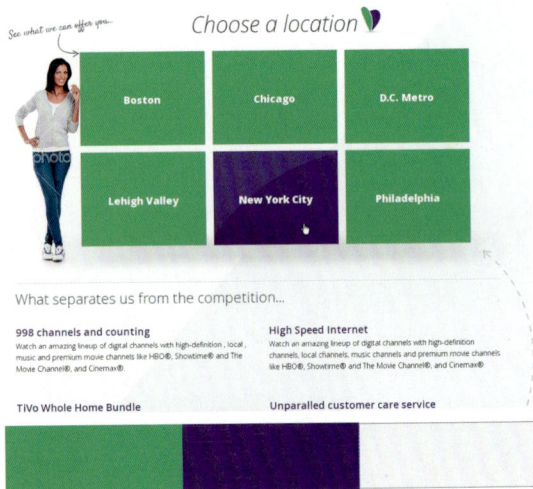

色彩对比充满活力

页面色彩绿色与紫色的搭配给人一种活力、时尚的印象，鼠标移动区域在视觉上被突出，引人注目。

绿色与橙色代表了一种天然的颜色，网页中的这两种色彩的对比给人一种清凉、心旷神怡的印象，让人充满活力与激情。

网页以橙色为主色调，突出了网站所要宣传产品的特性，少许绿色的加入和搭配给浓厚的橙色添加了一丝生气与活力。

7.3.3　补色对比

补色

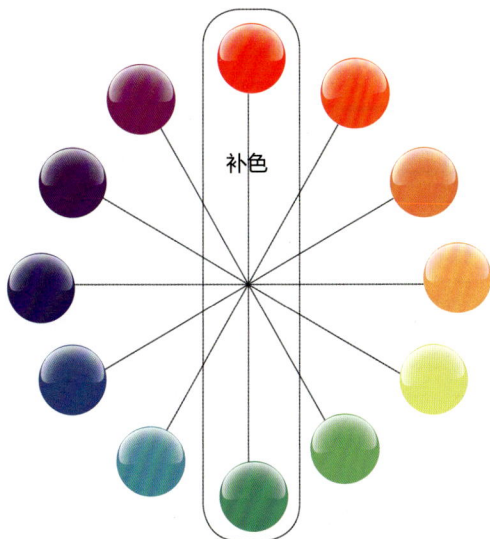

色相环上相差 180 度的颜色称为互补色，是色相对比中对比效果最强的对比关系。一对补色并置在一起，可以使对方的色彩更加鲜明，如红色与绿色搭配，红色变得更红，绿色变得更绿。

通常，在网页配色中，使用典型的补色是红色与绿色、蓝色与橙色、黄色与紫色。黄色与紫色由于明暗对比强烈，色相个性悬殊，因此成为三对补色中最冲突的一对；蓝色与橙色的明暗对比居中，冷暖对比最强，是最活跃、生动的色彩对比；红色与绿色明暗对比近似，冷暖对比居中，在三对补色中显得十分优美。由于明度接近，两色之间相互强调的作用非常明显，有炫目的效果。

色彩冷暖弱对比带来舒适、温暖的感觉
网页中使用了黄色与蓝色的对比，使页面冷暖对比明显，由于明度较高，给人一种舒适、温暖的印象。

色彩对比强烈，个性显眼
页面使用了对比最为强烈的两种色彩——黄色和紫色，极具冲突性的色彩给人一种个性化极强的印象。

使用单一色彩降低页面关注度

网页使用了单一的冷色，给人一种理性、专业的印象，没有色彩与之对比，页面太过单一、乏味。

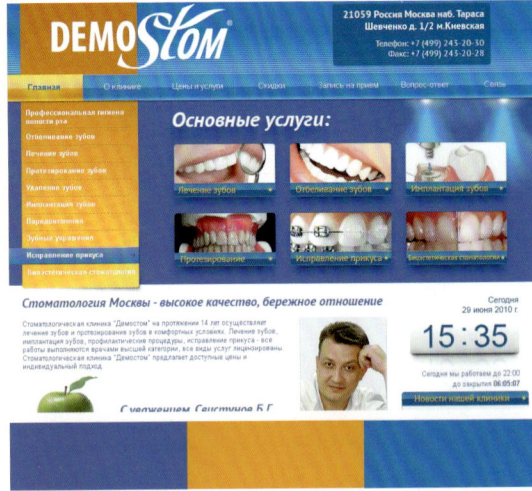

色彩冷暖对比提高页面活力

在导航栏和其下拉列表中使用了橙色的背景，整个网页的色彩对比度提高，页面充满活力。

补色色彩对比表现鲜艳、生动

网页中纯度较高的绿色与红色形成对比，明度相似，给人一种健康、活泼、鲜艳的印象。

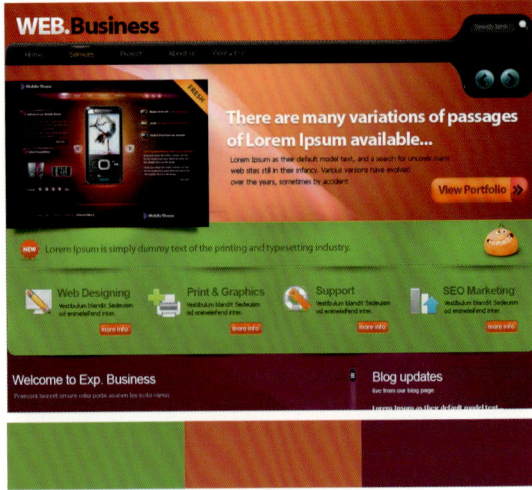

补色色彩对比突出炫目、精彩

红色和红紫色作为网页的背景色，突出了高雅和时尚感，页面中间区域绿色的融入让人感到新潮、炫目。

7.3.4　邻近色对比

邻近色

在色相环上顺序相邻的基础色相，例如红色与橙色、黄色与绿色、蓝色与紫色这样的颜色并置关系，称为邻近色相对比，属于色相弱对比范畴。这是因为在红色与橙色对比中，橙色已带有红色的感觉，在黄色与绿色的对比中，绿色已带有黄色的感觉，它们在色相因素上自然有相互渗透之处；但像红色与橙色这类的颜色在可见光谱中具有明显的相貌特征，都为单色光，因此仍具有清晰的对比关系。

邻近色对比在配色中的最大特征是可以让网页具有明显的统一协调性，或为暖色调，或为冷暖中间调，或为冷色调，同时在统一中仍不失对比的变化。

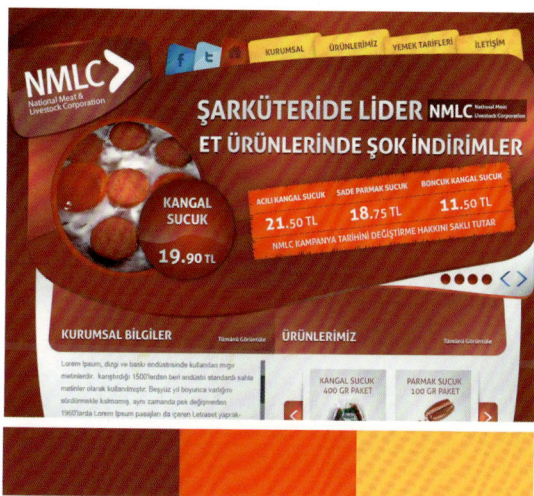

橙色面积过小，对比不强
网页使用了棕色的背景来衬托产品浓香的特点，红色来标识价格，突出显眼，但页面橙色较少，无对比性。

色彩统一且具有对比性
网页使用了红色与橙色这两对邻近色，整体给人一种统一、协调的感受，又不缺少颜色之间的温和对比变化。

121

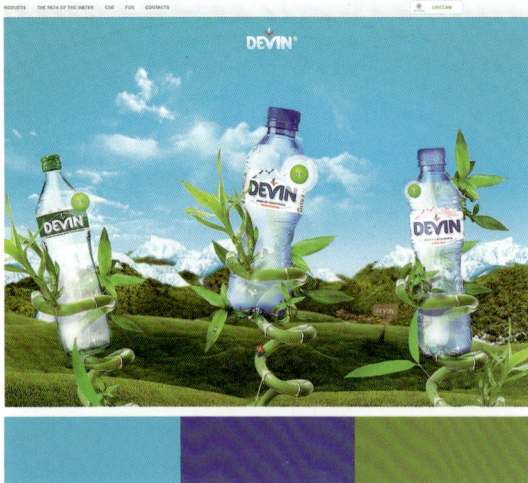

统一色调易失去焦点

网页使用蓝绿色的天空，有一种清澈、自然的感觉，但天空的色调与产品的色调都属于明色调，易混淆。

明暗对比强化产品印象

网页中蓝色的天空与绿色的草地给人一种自然、无污染的印象，产品本身的浅蓝色给人一种清爽、透明的感觉。

邻近色弱对比强调统一、协调

页面使用了明度较低的红色和紫色，色彩对比度不强，整体协调、统一，给人一种灰暗、冷酷、压抑的印象。

邻近色对比表现统一、和谐

页面使用了绿色和黄色两种邻近色彩，给人一种自然、愉快的印象，背景的深灰色也做了很好的衬托。

7.3.5　类似色对比

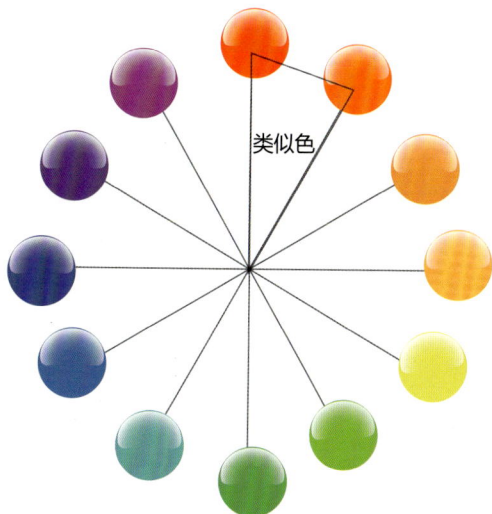

类似色

在色环上非常邻近的颜色，例如橙色与橙黄色、绿色与黄绿色、绿色与蓝绿色、蓝色与蓝紫色这样的色相对比称为类似色相对比。类似色相对比是最弱的色相对比效果，在视觉中能感受的色相差很小，常用于突出某一色相的色调，注重色相的微妙变化，在网页配色中通常用一两种类似色作为网页的背景，这样既可以维持网页的色彩统一与平衡，又可以突出网页内容中所使用的配色色彩。

类似色之间含有共同的色素，既保持了邻近色的单纯、统一、柔和、主色调明确等特点，同时又具有耐看的优点，在网页设计中可以适当应用小面积作类似对比色或以灰色作点缀来增加整个网页页面的色彩生气。

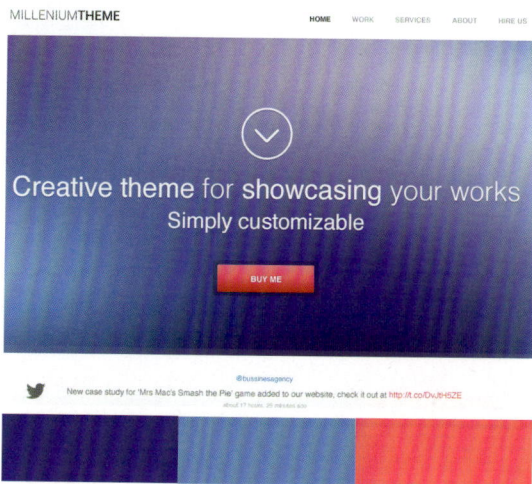

蓝色与蓝紫色的对比
网页的主题图片使用了蓝色与蓝紫色的配色，色彩对比度小，符合了网页简洁、美观的要求。

蓝色与蓝绿色对比
蓝绿色能让人联想到海水的颜色，给人一种沉静、清凉的印象，与天空蓝色的弱对比有着清爽和自由的感受。

绿色与黄绿色的对比

绿色和黄绿色能让人感受到大自然的气息，可以缓解压力，整个页面给人一种自然、舒缓的印象。

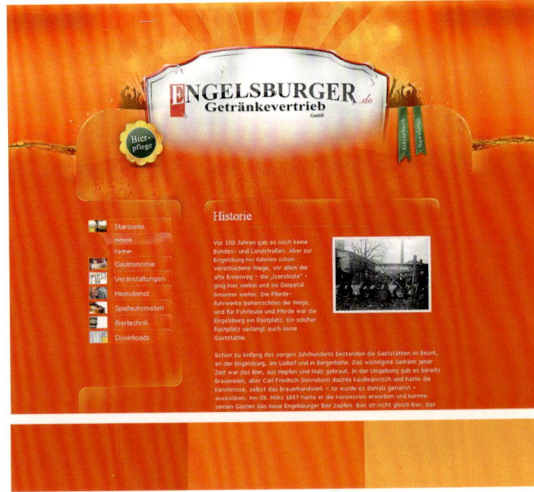

红色与红橙色的对比

网页主色调明确，以深红色为主，辅助色是与其类似的红橙色，整体给人一种协调、统一、鲜艳的印象。

橙色与橙黄色的对比

使用了橙色和橙黄色这两种暖色调，令人心境平稳、缓和，红色的加入为页面增添了活力与亮点。

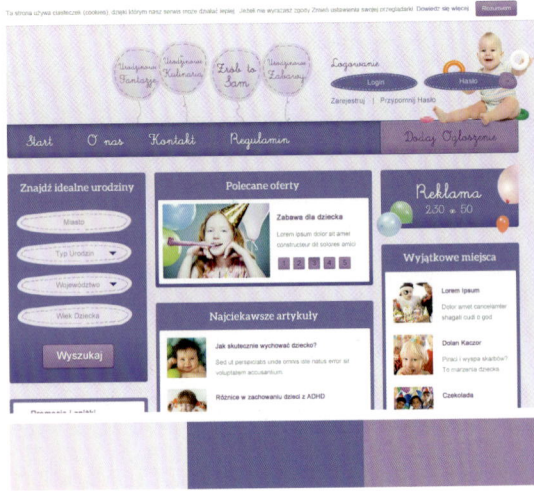

紫色与红紫色的对比

紫色与紫红色这对相似色在网页上的搭配能让人产生一种浪漫、温馨的印象，平静而不张扬。

7.4　同时对比

　　当两种或两种以上色彩在网页中一起配色时，相邻的两种色彩会互相影响，这种对比被称为同时对比。同时对比的色彩基本规律是，相邻的色彩会改变或失去原来的属性和原来所需要传达的印象，并向另一种色彩互换，从而展示出新的色彩效果与活力。

　　如果在色相上两种色彩接近补色，对比效果将更强烈，当红色和绿色这两种补色同时出现在网页上时，如果纯度和明度一样，那么红色将变得很红，绿色将变得很绿；在明度上，明度高的会更高，明度低的会更低，当黑白并置时，黑色和白色会更加明显。

　　当色彩越接近交界线时，彼此影响会更激烈，并会引起色彩渗漏现象。例如灰色靠近橙色时会带来蓝色效果，靠近蓝色会带来褐色效果。

色相的同时对比

网页头部使用了红色与绿色进行配色，同时对比效果强烈，呈现出一种自然与活力。

明度的同时对比

页面使用了统一的蓝色，明度暗的蓝色从视觉上看已经接近黑色，明度高的蓝色更接近白色，明度对比强烈。

同时对比产生的生理因素

　　同时对比产生有生理因素，当人们看到任何一种特定的色彩时，眼睛会同时寻求或期盼它的补色出现，如果没有补色出现，视觉会自动产生补偿色光的现象。

　　同时对比中补色的产生，是作为一种感觉发生在浏览者的视野里的，并非是客观存在的事实，这一点与补色之间的对比有所区别。当兴奋减弱或眼睛疲劳时，同时对比效果就会消失。

7.5 连续对比

当人们在看了浏览网页配色时，观察配色中的一种色彩再看另一种色彩时，视觉会把前一种色彩的补色加到后一种色彩上，这种对比称为连续对比。

连续对比与同时对比不同的是，同时对比主要是指在同一时间、同一空间上颜色的对比效果；连续对比则是在不同的时间或者在运动的过程中不同颜色之间的刺激对比。

连续对比的现象不仅表现在色相上，也表现在明度上，当视野浏览网页的白色区域时，在注视黑色区域会发现黑色色彩更黑，反之白色会更白。

色彩的连续对比

页面色彩丰富，色彩层次感强，不同色彩交替变化，这种连续对比的效果让网页产生了一种律动感。

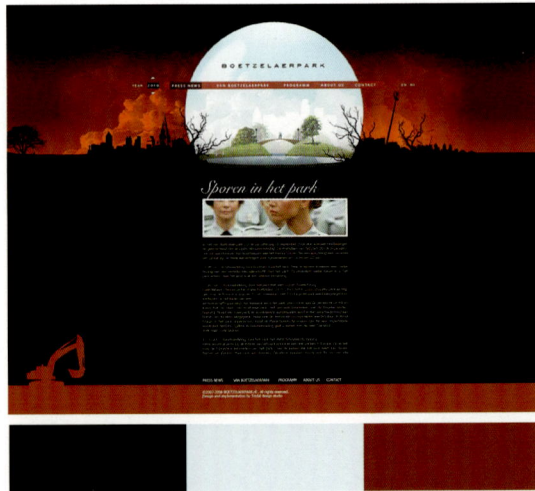

明度的连续对比

页面黑白分明，色彩对比强烈，浏览者的注意力会被页面中间的白色圆圈所吸引，白色区域会显得更加明亮。

连续对比产生的动感

网页中间的位置明度较高，且不同色相的色彩位置较分散，视角的不时转移会产生色彩的连续对比，有动感。

第**8**章

网页配色的调整

8.1　突出主题的配色技巧

网页主题的绝对突出

运用色调明亮的红色，让浏览者一眼便能注意到网页的焦点与主题。

明确主题，形成焦点

平时浏览网页时，会发现优秀的网页配色经常能将整个网页的主题明确突出，能够聚焦浏览者的眼光，主题往往被恰当地突出显示，在视觉上形成一个中心点。

如果主题不够明确，就会让浏览者心烦意乱，配色整体也会缺乏稳定感。

不同网页在突出主题时的方法并不相同，一是将主题的配色突出，二是通过相应的配色技法将主题很好地强化与突显。

突出网页主题的方法有两种，一类是直接增强主题的配色，保持主题的绝对优势，可以通过提高主题配色的纯度、增大整个页面的明度差来实现。

另一类是间接强调主题，在主题配色较弱的情况下，通过添加衬托色或削弱辅助色等方法来突出主题的相对优势。

明暗度、纯度相同的三种色彩虽然搭配统一、协调，但主题颜色突出不够明确，表达含糊。

提高粉红色的纯度，色调鲜艳度提高，主体的色彩被突出显示，很容易抓住浏览者的注意力。

网页主题相对突出

此网页通过使用虚化背景图片的效果来间接突出网页主题。

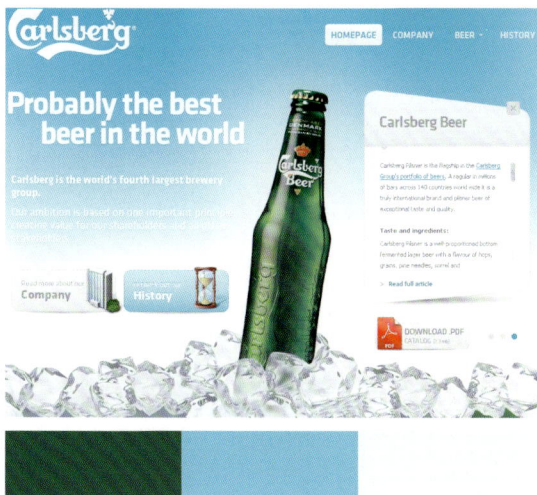

网页采用了高纯度的绿色，使所要宣传的主题能够明确展现在页面的中央，在视觉上具有明确的中心性。

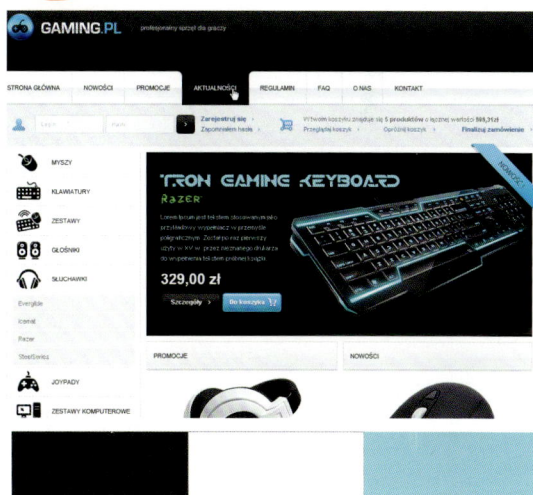

网页使用了黑色和白色两种主色调，为了突出中央图片的强势地位，在图片上方使用了高明度的蓝绿色来突出主题。

8.1.1 提高纯度

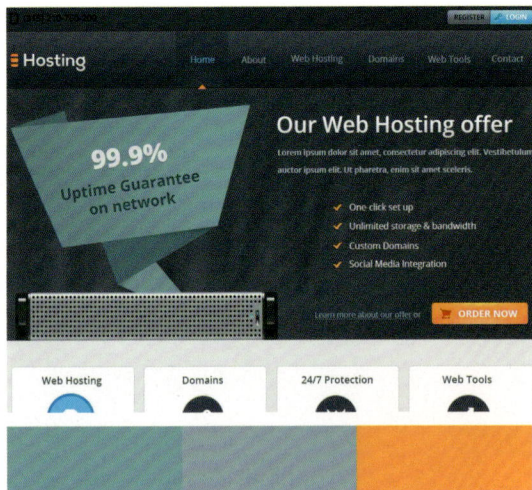

主题色彩模糊，存在感不强
网页中主题色彩模糊，与周围色彩不好区分，存在感较弱，页面整体给人一种不安的感觉。

提高纯度，确定主题

对比色充满活力
页面的主题图片提高了纯度，与背景黑灰色区分，引人注目，形成视觉中心，让人轻松浏览。

　　在网页配色中，为了突出网页的主要内容和确定网页的主题，提高主题区域的色彩纯度是最有效的方法。纯度就是鲜艳度，当主题配色鲜艳起来，与网页背景和其他内容区域的配色相区分，就会达到确定主题的效果。

提高色彩纯度，确定主题
网页色彩单一，位于中间部分的物品色彩采用了纯度较高的红色，在页面中心形成了一个视觉焦点。

网页主题色块被忽视

网页主题色彩使用了与背景颜色一部分相同的棕色，而背景另一部分纯度较高的蓝色盖过了主题的强度。

主题色彩强势抓住视线

网页背景都使用了纯度较高的蓝色和棕色，主题色彩使用了高纯度红色，与周围色彩对比恢复了强势地位。

与周围色彩对比来明确主题颜色

制作不同的网页时，所需要表达的主题不尽相同，如果都通过提高颜色鲜艳度来控制主题色彩，那么可能会造成页面鲜艳程度相同的情况，还是让浏览者分不清主题，鲜艳程度相近也是同样如此，所以在进行确定网页主题配色时，应充分考虑与周围色彩的对比情况，制作对比色，突出主题。

网页中人物衣服的亮色色彩与灰暗色的天空形成对比，人物服装这个主题被突显。

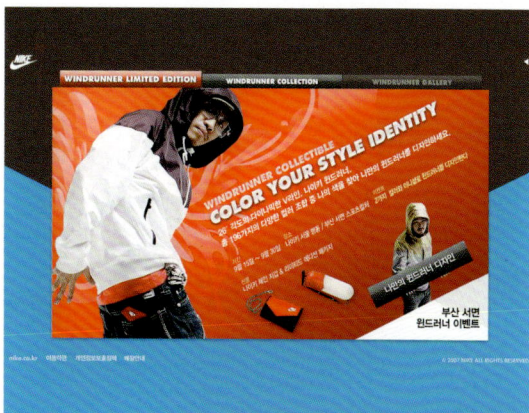

网页中的灰白色与主题汽车的色彩黑色形成对比，汽车图片在网页中形成焦点。

131

8.1.2 增大明度差

明度差小，主题无存在感

网页中主题的图片虽然颜色有差别，但颜色色彩的明度差异很小，使得图片之间没有主次之分。

明度差

　　明度就是明暗程度，明度最高的就是白色，明度最低的就是黑色，任何颜色都有相应的明度值，同为纯色调，不同的色相，明度也不相同，

明度差增大，主题明确

提高网页中间一幅图片的明度，与其他两幅图片的明度拉开差距，主题图片的地位明显，主题明确。

例如黄色明度最接近白色。而紫色的明度靠近黑色。

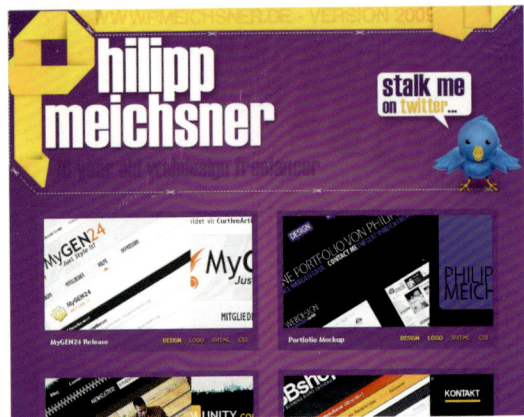

提高明度，突出主题

页面背景使用了明度较低的色相紫色，网页标志使用了明度较高的黄色，很好地突出了页面主题。

网页主题色与背景色明度差异小

网页主题色的明度降低以后，与背景的明度差过小，主题明确性不强，存在感减弱。

主题色与背景色明度差异化大

背景的深蓝色明度较低，当主体的颜色明度越接近白色时，明度差异化就越大，对比也就越明显。

无彩色与有彩色的明度对比

　　设计网页时，可以通过无彩色和有彩色的明度对比来突显主题。例如，网页背景是色彩比较丰富的，主题内容是无彩色的白色，可以通过降低网页背景明度来突显主题色，相反，

如果提高背景的色彩明度，相应地就要降低主题色彩的明度，只要增强明度差异，就能提高主题色彩的强势地位。

网页背景的颜色使用了明度较低的彩色，主题文字内容使用了明度高的白色，显眼、强势。

整个页面背景为黑色，明度最低，主题色使用了明度较高、纯度高的红色，主题突出明显。

8.1.3 增强色相型

色相差小，平淡低调

网页中的主题图片沙发的颜色与背景色采用了类似色配色，色相差小，整体效果平淡、低调。

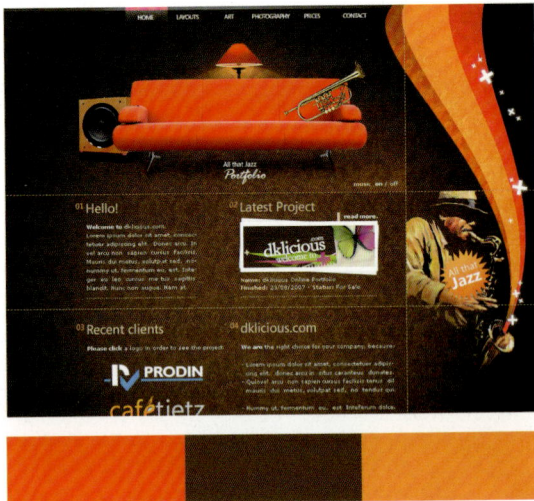

增强色相型配色

在前面的知识讲解中，我们了解了色相环中的邻近色相和类似色相，它们在网页中的配色能够增强网页的统一性和协调性。也有色相

色相差增大，欢快明艳

网页背景深暗的棕色与主题图片的鲜亮红色形成强烈的色相对比，网页顿时充满活力，变得欢快起来。

之间对比强烈的，例如互补色相的对比。在配色中，增强色相型配色有利于浏览者快速发现网页的重点，突出网页主题。

增强色相型配色

页面使用了典型的增强色相对比的方法，背景的绿色与人物的红色形成强烈对比，突出了页面中的人物。

类似色相的配色忽略了主题

类似型配色的色相比较弱，既没有突出整个网页的主题，又使整个网页显得十分冷清。

增加色相对比，突出网页主题

主题色绿色与增添的黄色形成色相对比，既突出了网页的主题，又增添了页面运动与活泼的印象。

增强网页色相的冲突

背景使用深蓝色的配色，红色汽车的网页主题被明确突出，很容易被人辨认、理解。

增强网页色相的对比

网页页面主题明确，使用了橙色与绿色的对比，页面中的沙发色相明显，整体给人欢快、温馨的印象。

8.1.4 增强点缀色

色彩的点缀使页面华丽出彩

网页中产品主题的色彩为白色，为了增强产品的强势，为其添加了点缀色——红色和绿色。

点缀色强调网页主题内容

为网页的主题内容添加了附加色，让浏览者一眼便能明确区域内容的具体方位和具体含义。

网页的点缀色

当网页主题的配色比较普通、不显眼时，可通过在其附近装点鲜艳的色彩为网页中的主要内容区域增添光彩，这就是网页中的点缀色。

在网页中对于已经确定好的配色，点缀色能够使整体更加鲜明和充满活力。

点缀色使网页更加鲜明

页面背景和主题图片都使用了统一的灰白色，显得比较单调，为主题图片添加点缀色后，页面更加鲜明。

增强点缀色，引人注目

页面的主题图片使用了棕色和灰色，让人有一种雅致、清闲的印象，红色的加入引人注目，新鲜感增强。

网页的点缀色面积要小

点缀色的面积如果太大，就会在网页中升为仅次于主题色的辅助色，从而打破了原来的网页基础配色。

页面中主题图片显得比较灰暗，亮色橙色的点缀不仅吸引了人的眼球，也与网页的 Logo 颜色相统一。

小面积点缀色的大功效

网页主题图片上的一小片绿色虽然面积过小，但添加到以橙色为主题色的页面时，立刻让页面鲜活起来。

所以在网页配色时，加强色彩点缀的目的只是为了强调主题，但不能破坏网页的基本配色，使用小面积的话，既能装点主题，又不会破坏网页的整体配色印象。

门的颜色为棕色，给人一种古典、刻板的印象，绿色和红色的加入缓解了一种拘谨的感受，增添了网页的新鲜感。

8.1.5 抑制辅助色或背景

辅助颜色削弱主题图片的色彩
网页中导航栏和内容栏的一部分使用了鲜艳度过高的颜色，削弱了网页主题图片柔和的粉色色彩。

采用柔和色调，恢复可爱印象
网页中的辅助色恢复使用了柔和色调，与网页的可爱主题相符合，让主题变得更加鲜明。

网页辅助色彩的抑制

浏览大部分网页时，会发现突出网页主题的色彩会比较鲜艳，视觉上会占据有利地位，但不是所有网页都采用鲜艳的颜色去突出主题。

根据色彩印象，在网页配色中，主题使用素雅的色彩也很多，所以就要对主题色以外的辅助色和点缀色稍加控制。

削弱辅助色，突出主题色
页面中汽车是网页的主题，使用了鲜艳度不高的灰色，所以辅助色在选择上使用了比较深沉的棕色。

背景色彩柔和、温馨、自然

页面背景使用了纯度较低的绿色，与主题图片的粉红色相近，网页整体给人一种浪漫、温馨的印象。

背景色彩明度较高，主题明显

网页背景使用了明度较高的颜色，这使得网页主题图片的黄绿色比较突出、显眼。

网页背景色彩控制方法

当网页的主题色彩偏柔和、素雅时，背景颜色在选择上要尽量避免纯色和暗色，用淡色调或浊色调，就可以防止背景色彩的过分艳丽导致网页主体的不够突出，影响整体风格。

总的来说，削弱辅助色彩和背景色彩有利于主题色彩变得更加醒目。

页面背景采用了模糊的效果，让浏览者的注意力集中在网页的前景内容里，但又不会失去网页背景图片传递给人的安静、优雅的印象。

网页背景使用了明度较高的灰色，给人一种干净、朴素的印象，主题图片的色彩鲜艳，在灰色的衬托下很好地被突出。

8.2 整体融合的配色技巧

颜色明度对比鲜明，主题突出

作为主题的汽车使用了明度较高的红色，与背景的低明度红色形成对比。

网页的配色融合

在进行网页的配色设计时，在网页主题没有被明显突出显示的情况下，整体的设计配色就会趋向融合的方向，这就是与我们前面所了解的突出配色相反的配色走向。

与突出网页主题的配色方法一样，我们可采用对色彩属性（色相、纯度、明度）的控制来达到融合的目的。突出网页主题时，我们需要增强色彩之间的对比性，而与之相反的融合性配色则完全相反，是要削弱色彩的对比。

在融合型的配色技法中，还有诸如添加类似色、重复、渐变、群化、统一色阶等行之有效的方法。

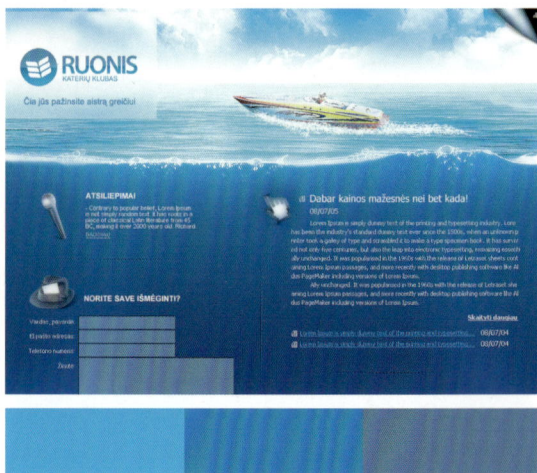

网页使用了蓝色和蓝绿色两种色相来表现天空和大海，色相接近，给人一种平静的享受。

140

色彩明度类似体现融合的配色

虽然蓝绿色和黄绿色色相存在对比，但明度靠近，也体现出融合的感觉。

网页中所使用的蓝色和黄色是一组对比色，但由于纯度和明度相近，在网页中所表现出来的强势力度也很类似。

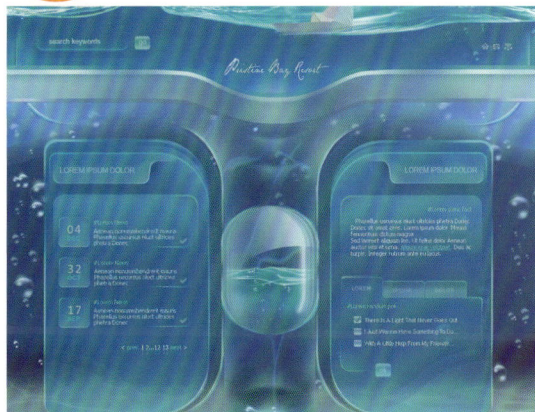

网页使用蓝色这一主题色，通过对明度和纯度的控制来划分区域，整体网页的明暗度变化趋于平稳，对比性不是很强烈。

8.2.1　接近色相

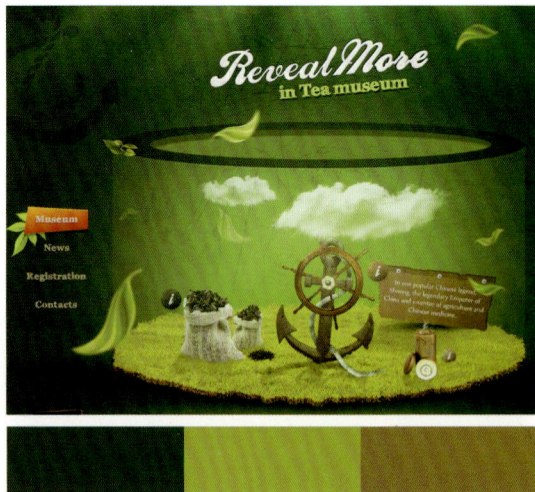

配色过于显眼

绿色能够营造出自然、生态的氛围，但是由于橙色与绿色的色相差过大，导致一种沉重、不安定的印象。

采用柔和色调恢复可爱印象

网页使用绿色和黄绿色两种最接近大自然的配色，传达出健康、轻松的印象，使页面显得比较安逸。

网页色差越小，融合度越高

在突出网页主题色的章节，我们了解到增强色相之间的差距可以营造出活泼、喧闹的氛围。在实际配色中，如果色彩感觉过于突显或喧闹，可以减小色相差，使色彩彼此融合，使网页配色更加稳定。

使用类似型配色可以产生稳定、和谐、统一的效果。

类似色促进网页色彩融合

页面使用了蓝色、蓝绿色以及蓝紫色三种在色相环中相近的色相进行配色，给人一种和谐、稳定的感觉。

8.2.2　统一明度

明度差过大，柔和感下降

网页中黄色与蓝绿色的明度差过大，导致整个页面的柔和感下降，给人多了一些沉重、灰暗的印象。

提高明度，色彩统一、柔和

网页中黄色色彩明度提高，与蓝绿色的明度保持一致，这样既不会突显某个具体区域，又促进了整个页面的柔和。

明度差过大导致的不安定感

　　在网页配色中，如果色相差过大，想让网页传达一种平静、安定的感觉，可以试着将色彩之间的明度靠近，可以在维持原有风格的同时，得到比较安定的配色印象。

　　但在配色中要注意，如果明度差过小，色相差也很小，那么将很可能会导致页面产生一种乏味、单调的结果，所以在配色中要依据实际情况将二者结合起来灵活地运用。

色相差过大，降低明度差

紫色、绿色、蓝色三种具有对比性的色相，通过调节它们的明度，让页面有了一种统一、安静的印象。

143

8.2.3 接近色调

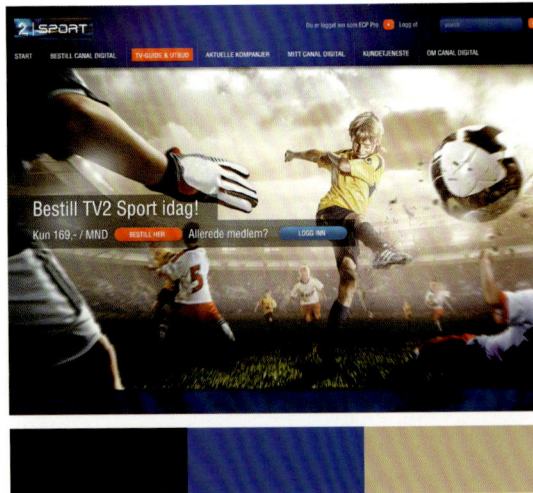

色调统一，页面形成融合

网页中所使用的色彩色调基本趋于一致，融合在一起，整体给人一种安静、协调、清新自然的印象。

统一的浑厚色调融合

网页使用了偏暗的浑厚色调，给人一种压抑、迫切需要释放的感受，页面整体保持了统一、协调的色调。

统一色调的融合效果

网页中无论使用什么色相进行组合配色，只要使用相同的色调颜色，就可以形成融合效果，同一色调的色彩具有同一类色彩的感觉，所以在网页中塑造了一种统一的感觉。

同色调的色彩配色是相容性非常好的配色方法，能中和色相差异很大的配色环境。

统一色调，中和色相差异

网页使用多种不同的色彩，色相差异较大，但色调统一为明色调，给人一种轻快又有少许艳丽的感觉。

8.2.4　添加类似色或同类色

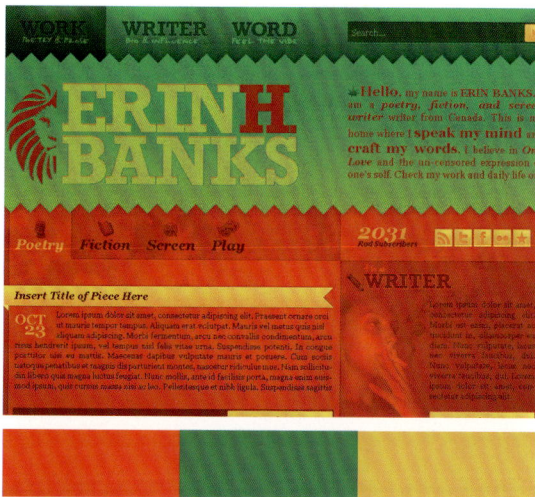

色彩冲突性导致页面的刺激性

红色和绿色在色相环中互为补色，冲突性非常明显，给人一种刺激感十分强的不好的印象。

添加类似色和邻近色

　　网页配色在选择色彩时，数量上尽量保持在两至三种，这样会保持页面的一种整体性，如果两种色彩的对比过于强势，可以通过加入

添加邻近色缓解刺激感

在红色与绿色区域中间添加邻近色黄色和橙色，使页面配色相对稳定一些，减少了刺激，多一份平静。

和两色中的任意色相相近的第三种色彩，就会在对比的同时增加整体感，这种色彩在选择上可以优先考虑相邻色和类似色。

添加类似色促进网页色彩的统一

页面中使用了蓝色和黄色这一组对比色，绿色的加入使整个页面色彩均衡，配色更加亲和、稳定。

8.2.5　网页产生稳定感

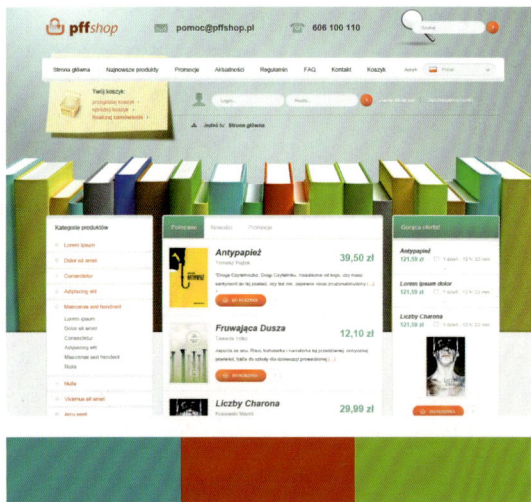

色彩的规律排列产生的稳定感

网页中的色彩虽然丰富，由于排列的方式比较整齐，每种色彩的纯度和明度类似，整体协调、稳重。

色彩明度自上而下的渐变

网页从顶部到底部，色彩明度以渐变的方式递减，色彩重心居下，感觉十分稳定。

网页的渐变配色

　　色彩的逐渐变化就是色彩的渐变，有从红到蓝的色彩变化，还有从暗色调到明色调的明暗变化，在网页配色中，这都需要按照一定方向进行变化，维持网页的稳定和舒适感的同时，让其产生一种节奏感。

　　但有时配色可能不会按照色彩的顺序，将其打乱，这会让渐变的稳定感减弱，给人一种活力感，但这种网页配色方法不是很确定，可能会造成网页色彩混乱的后果。

充满活力感的网页配色

网页色彩众多，但单一的色彩区域比较集中，总体色彩纯度、明度相似，促使页面充满活力又不失稳定。

146

第9章

网页配色印象

常见的网页配色印象

时尚科技感

使用不同明度和纯度的蓝色搭配，让人仿佛看到天空的宁静和高远，表现出时尚感和科技感。

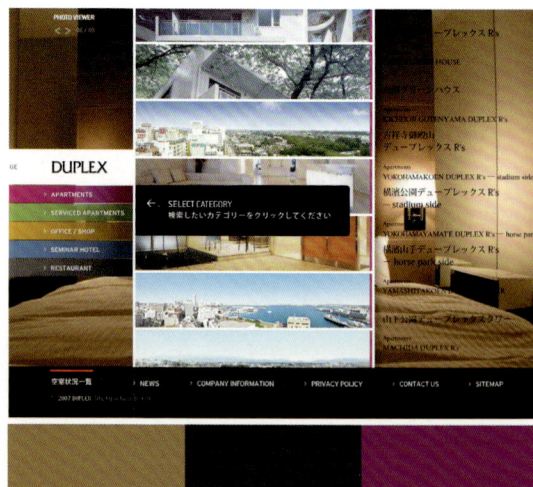

温馨舒适感

使用棕色作为网页的主色调，也是大面积的颜色，搭配低纯度、小面积的紫色、绿色等，让人感觉温馨、舒适。

色彩印象有其内在规律

对于色彩印象的感受，虽然存在个体差异，但是大部分情况下，我们都具有共同的审美习惯，这其中暗含的规律就形成了配色印象的基础。

不管是哪种色彩印象，都是通过色调、色相、色调型、色相型、色彩数量、对比强度等诸多因素综合而成。将这些因素按照一定的规律组织起来，就能准确营造出想要的配色印象。

健康活力感

使用绿色和黄绿色作为网页主色调，让人感觉自然、健康，搭配鲜亮的黄色，顿时让整个页面充满活力。

通过色相环和色调图来感知配色印象

优雅高贵感

使用紫色与灰色将网页进行垂直分割，形成强烈的视觉对比，紫色让人感觉优雅、高贵。

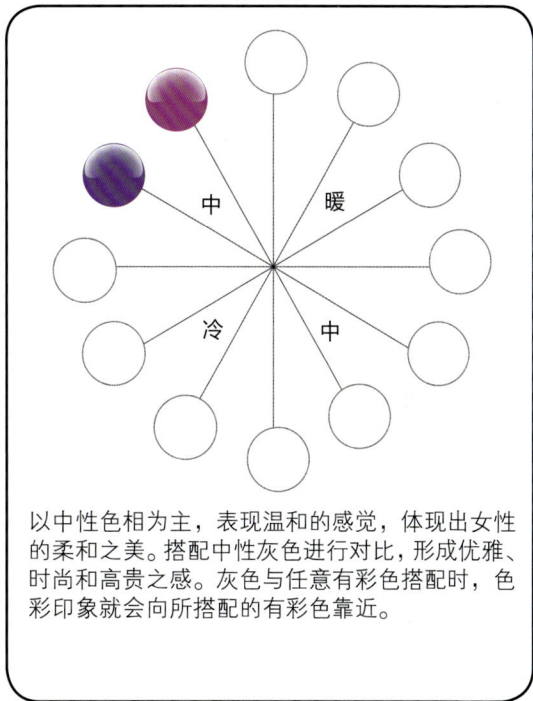

以中性色相为主，表现温和的感觉，体现出女性的柔和之美。搭配中性灰色进行对比，形成优雅、时尚和高贵之感。灰色与任意有彩色搭配时，色彩印象就会向所搭配的有彩色靠近。

配色印象会改变整个网页氛围

热情、欢乐的氛围

清凉、舒爽的氛围

9.1 女性化的网站配色印象

女性化的网站配色

女性化的配色是一种让人感觉到年轻女性之美丽的亮色配色模式。一般暖色系列能增加女性色彩，若再配上明度差较小的柔和颜色，则能更好地表现出女性的特点。

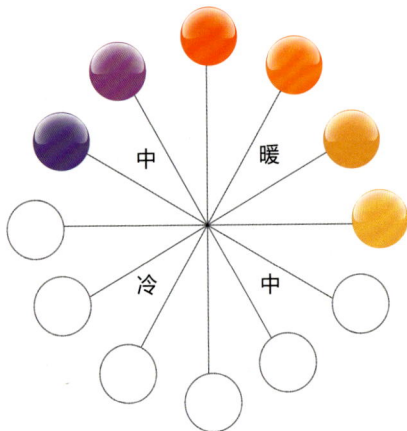

娇媚的印象

一种用于化妆的颜色，这种颜色不艳丽，却十分娇媚，与暖色较易搭配。

柔和的色彩体现明媚

它是具有春天气质的颜色，常用来表现春天百花齐放的艳丽。与同色系色彩搭配，得到柔和、明媚的色彩效果。

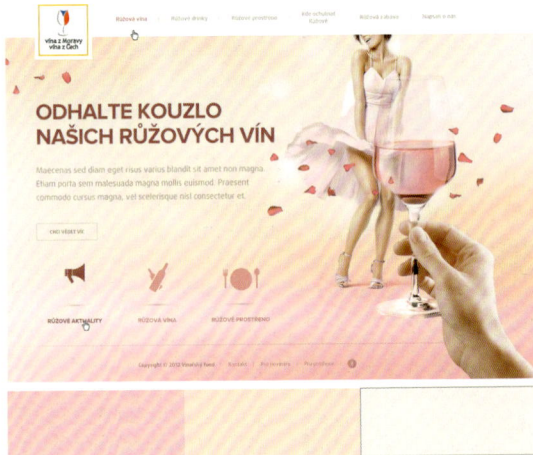

柔和的配色

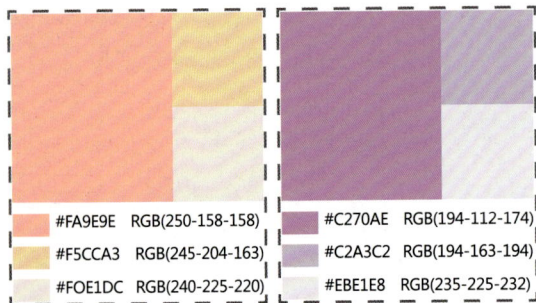

#FA9E9E	RGB(250-158-158)
#F5CCA3	RGB(245-204-163)
#FOE1DC	RGB(240-225-220)

#C270AE	RGB(194-112-174)
#C2A3C2	RGB(194-163-194)
#EBE1E8	RGB(235-225-232)

淡粉色是一种很纯美、娇艳的颜色，由于它的清纯，常常用来形容少女，因为粉色能衬托出少女的年轻、娇羞、美好。

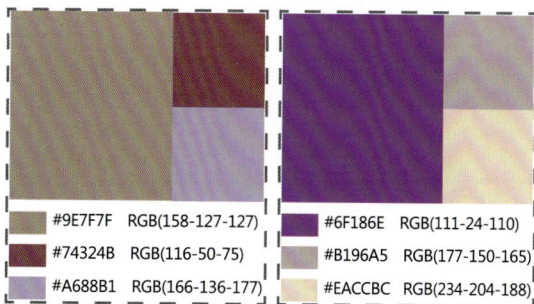

棕红色给人一种魅力四射的艳丽感，有让人无法抗
拒的感染力，添加柔和的棕灰色作为缓冲，给人复
古而华丽的感觉。

紫色是庄严的色彩，与暖色系进行搭配，更能演绎
出奢华的特质，并展现出美丽、积极、活泼、明艳
精力充沛的一面。

冷色系淡弱色调体现成熟

　　具有雍容华贵的气质，与原色、间色、复
色组合时，表现出绚丽夺目的效果；与同类色、
邻近色搭配，色调浓郁、统一，颇有成熟气质。

成熟的配色

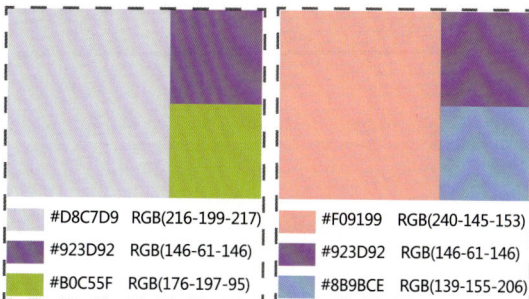

#9E7F7F　RGB(158-127-127)
#74324B　RGB(116-50-75)
#A688B1　RGB(166-136-177)

#6F186E　RGB(111-24-110)
#B196A5　RGB(177-150-165)
#EACCBC　RGB(234-204-188)

明度较高的紫色体现优美

　　与同色系、邻近色进行搭配时，色调统一，
不受外来因素的干扰，能够增添庄严的气氛。
紫色与同色系的明亮高、纯度低的紫色相搭配，
可以体现出优美的画面感。

优美的配色

#D8C7D9　RGB(216-199-217)
#923D92　RGB(146-61-146)
#B0C55F　RGB(176-197-95)

#F09199　RGB(240-145-153)
#923D92　RGB(146-61-146)
#8B9BCE　RGB(139-155-206)

151

9.2 男性化的网站配色印象

男性的网页配色

冷色系的颜色一般流露出男性色彩。使用明度差大、对比强烈的配色，或者使用灰色及有金属质感的颜色，能很好地描绘出男性色彩。

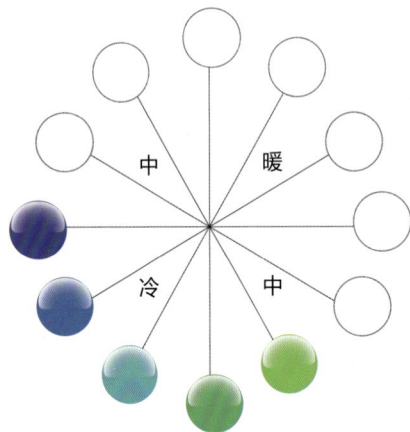

活力的印象

黄绿色像大自然的颜色，给人清新的享受和希望的力量，与对比色搭配，能呈现出活力十足的感觉。

灰色调体现理智

以灰色和深蓝色系为主，色调暗、钝、浓，配以褐色，给人稳重、男性化的印象，更显得理智坚毅，让人联想起男性的精神。

理智的配色

#0A5C47	RGB(10-92-71)
#0F8A6B	RGB(15-138-107)
#0F8A6B	RGB(204-215-194)

#372E13	RGB(55-46-19)
#002124	RGB(0-33-36)
#895335	RGB(137-83-53)

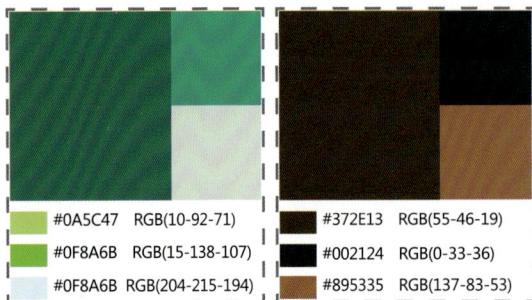

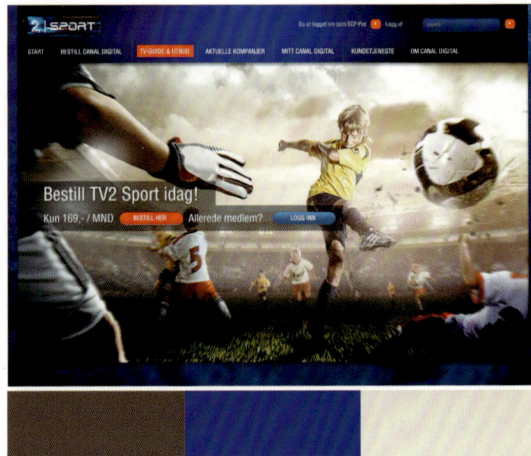

深灰色到浅灰色的过渡作为背景，有一种自然和谐感，穿黄色衣服的人物更加突出，表现了男性极强的爆发力。

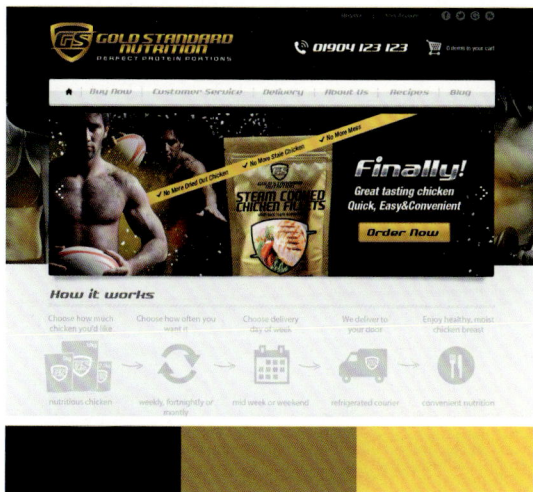

褐色具有男性的阳刚和沉稳,配以黄色,表现了正直、忠诚的男性化特点,以及男性的理智和冷静。

冷色系淡弱色调体现稳重

这种色调给人刚强坚实、沉着稳重、十足男性化的感觉,配以明暗的变化,显得错落有致、丰富多彩。搭配偏暖的棕色,添加阳刚的印象。

稳重的配色

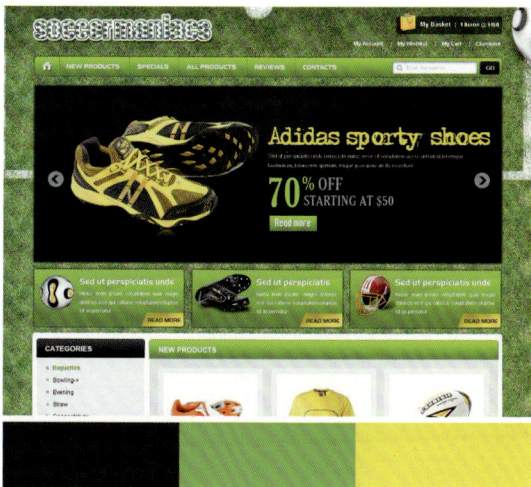

#364190	RGB(54-65-144)
#514D4D	RGB(81-77-77)
#7C99A2	RGB(124-153-162)

#529EBE	RGB(82-158-190)
#7A6B70	RGB(122-107-112)
#7C99A2	RGB(124-153-162)

明度较高的浅色体现出清爽

灰色和深蓝色相搭配,配以明度的变化给人理智的感觉,点缀褐色起到了舒缓的作用,也给人镇定自若的印象。

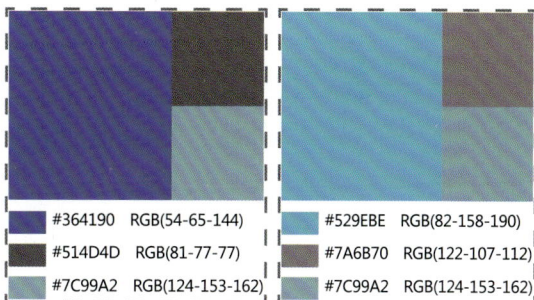

黑色是最暗的色彩,搭配其他的色彩,对比强烈,使得鲜艳的黄色成为人们的视觉焦点。

清爽的配色

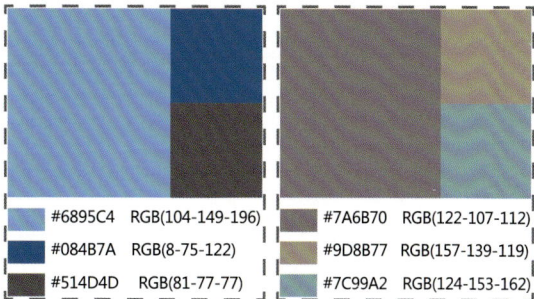

#6895C4	RGB(104-149-196)
#084B7A	RGB(8-75-122)
#514D4D	RGB(81-77-77)

#7A6B70	RGB(122-107-112)
#9D8B77	RGB(157-139-119)
#7C99A2	RGB(124-153-162)

9.3　稳定安静的网站配色印象

稳定安静的网站配色

　　冷色系的低彩度颜色给人一种凉爽感，使用这些颜色可让人的心灵享受宁静。混有大自然中小草或者绿树颜色的配色是净化心灵的最佳配色。

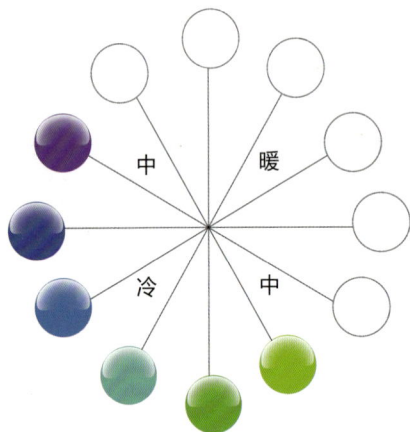

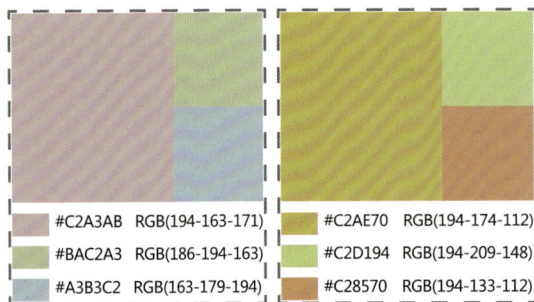

安静自然的印象

以自然界的青、绿色为基调，通常用于表现回归自然的豁达和智慧，具有安抚情绪的作用。

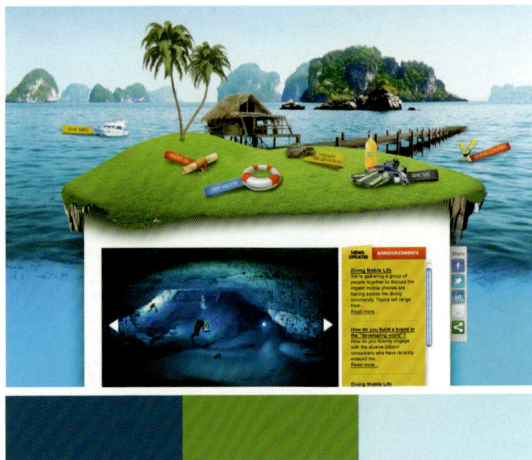

低灰色调体现安稳

　　使用灰色调会产生安稳的效果，少量的暗色强调了明度对比，在安稳中带着一股回归乡野、与世无争的意味。

安稳的配色

#C2A3AB	RGB(194-163-171)
#BAC2A3	RGB(186-194-163)
#A3B3C2	RGB(163-179-194)

#C2AE70	RGB(194-174-112)
#C2D194	RGB(194-209-148)
#C28570	RGB(194-133-112)

海蓝色总是给人沉稳、理性、踏实、安稳的感觉，搭配高明度的蓝色，给人清爽、明快的印象。

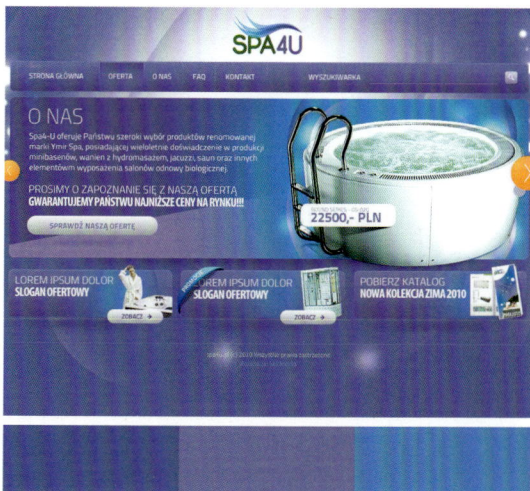

运用不同明度的紫藤色渐变作为页面的背景颜色，体现出非凡的美丽，运用明亮的蓝色相搭配，表现出优雅的美感。

低纯度体现出惬意

优雅而低调的浅灰色总是在不经意间营造出自然而温馨的氛围。低纯度的绿色和蓝色能够稳定躁动不安的情绪，给人以心安与惬意的感觉。

惬意的配色

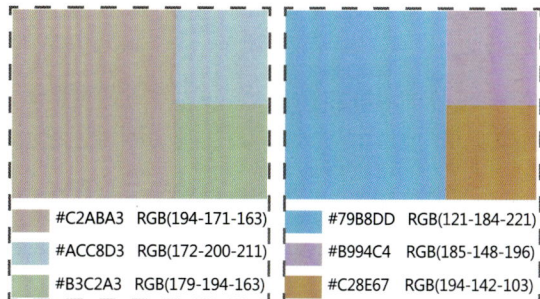

#C2ABA3	RGB(194-171-163)
#ACC8D3	RGB(172-200-211)
#B3C2A3	RGB(179-194-163)

#79B8DD	RGB(121-184-221)
#B994C4	RGB(185-148-196)
#C28E67	RGB(194-142-103)

淡弱的色调体现出安静

安静的色调可以表现心情安定以及没有任何嘈杂声音的场景。它以纯度含蓄的淡弱色调为主，与明亮柔和的色调搭配，流露出和谐与安宁的美感。

画面中淡弱的色调搭配流露出一种和谐、安宁的美感，其中微妙细腻的浅灰色与草绿色在不经意间传达出一种自然的温馨。

清爽的配色

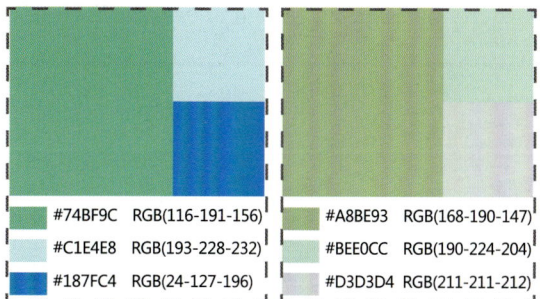

#74BF9C	RGB(116-191-156)
#C1E4E8	RGB(193-228-232)
#187FC4	RGB(24-127-196)

#A8BE93	RGB(168-190-147)
#BEE0CC	RGB(190-224-204)
#D3D3D4	RGB(211-211-212)

9.4　兴奋激昂的网站配色印象

兴奋激昂的网站配色

通过颜色来体现的兴奋和平静等心理感受和颜色的三要素即色相、明度和饱和度之间有密切的关系，温暖感觉的暖色系的高彩度颜色带给人兴奋的感觉。

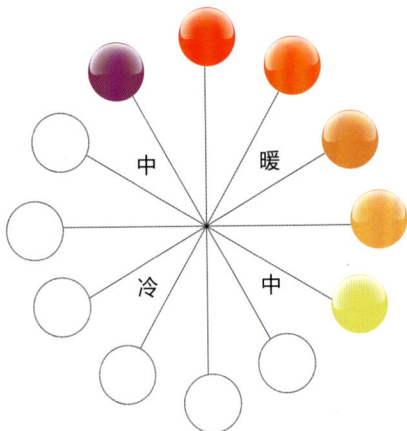

高彩度色调体现兴奋

鲜艳的色彩总是让人感觉明快、令人振奋，它有着引人注目的能量，显得生机勃勃，高彩度的色彩搭配，给人一种大胆的感觉。

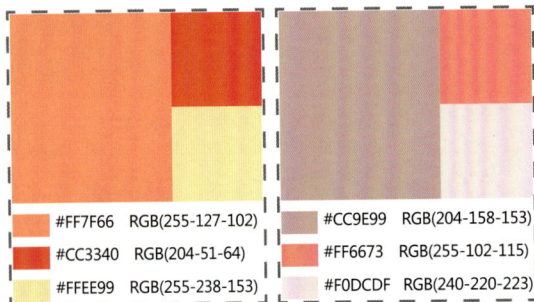

欢乐激昂的印象

朱红色具有热烈、开放、灿烂的个性，它与黄色、红色共同出现，可以增添欢乐的气氛。

兴奋的配色

色块	色值	RGB
	#FF7F66	RGB(255-127-102)
	#CC3340	RGB(204-51-64)
	#FFEE99	RGB(255-238-153)

色块	色值	RGB
	#CC9E99	RGB(204-158-153)
	#FF6673	RGB(255-102-115)
	#F0DCDF	RGB(240-220-223)

画面采用了高明度的色彩搭配，并融入了多元的色彩，表现出了丰富、开放的效果，令人感到轻松、愉快。

头发上的每种色彩都展现出了各自的美丽，不同色调的搭配组合，显得激情四射、充满活力，画面的色彩丰富、饱满。

多元素色调体现激情昂然

在众多颜色里，红色是最鲜艳生动、最热烈的颜色，它代表着激情、革命与牺牲，常让人联想到火焰与热情。

激情的配色

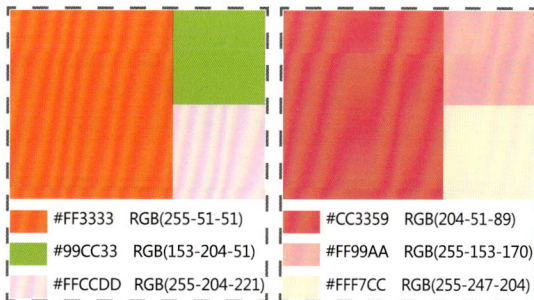

#FF3333 RGB(255-51-51)	#CC3359 RGB(204-51-89)
#99CC33 RGB(153-204-51)	#FF99AA RGB(255-153-170)
#FFCCDD RGB(255-204-221)	#FFF7CC RGB(255-247-204)

低色调体现出动感

该色调给人沉稳的感觉，表面看起来很安静，隐约透露出一种动感，使用给人兴奋感觉的颜色作为基色，搭配温暖感觉的色调，使整个画面更加突出。

红色和黄色搭配，可以调动人的情绪，给人愉悦兴奋的感觉，与蓝色形成对比，使画面异常清晰，同时也增强了画面的层次感。

动感的配色

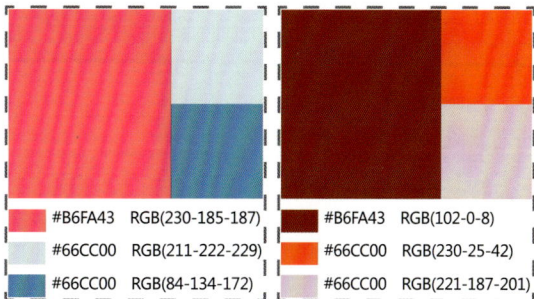

#B6FA43 RGB(230-185-187)	#B6FA43 RGB(102-0-8)
#66CC00 RGB(211-222-229)	#66CC00 RGB(230-25-42)
#66CC00 RGB(84-134-172)	#66CC00 RGB(221-187-201)

9.5 轻快律动的网站配色印象

轻快律动的网站配色

颜色的轻重感和颜色三要素中的明度之间的关系最为密切，鲜艳的高明度色彩给人轻快的感觉。若同时再加上白色，则还能增添清洁、明亮之感。

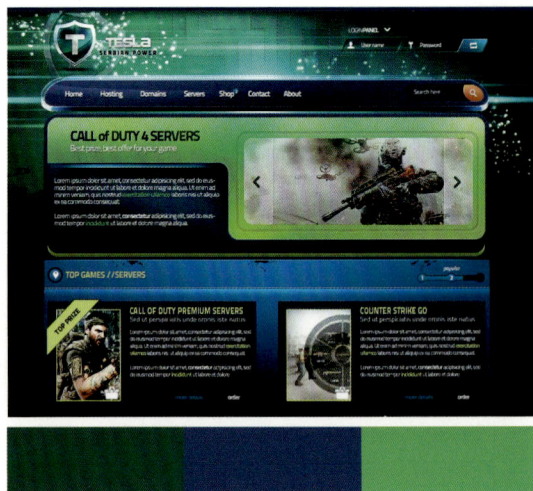

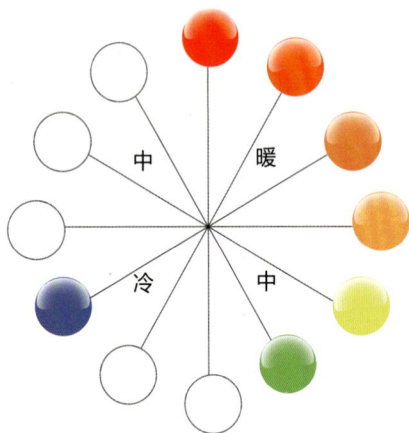

律动的配色

深绿色搭配同色系色调，显得画面有节奏，突显动感，同时加上有韵律的线条，充分表现了律动之感。

低纯度色调体现婉转

浅绿色纯度低，由少量的青色与绿色调和而成，与邻近色或同类色搭配，会给人优雅舒畅的感觉。

婉转的配色

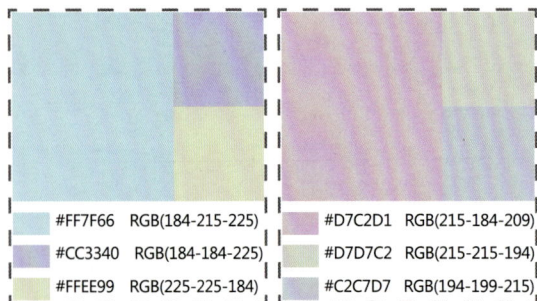

#FF7F66　RGB(184-215-225)	#D7C2D1　RGB(215-184-209)
#CC3340　RGB(184-184-225)	#D7D7C2　RGB(215-215-194)
#FFEE99　RGB(225-225-184)	#C2C7D7　RGB(194-199-215)

黄色和同色系自然地结合在一起，给人一种轻快感，再加上土黄色线条，则增强了这种轻快之感。

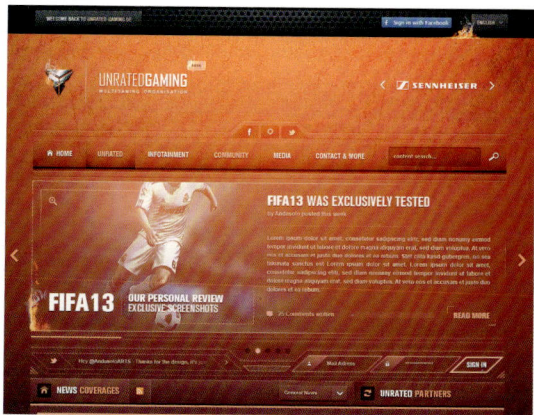

用生机勃勃的朱红色渐变作为背景，充满了生命的鲜活感，加上人物运动的动态，注入了自然的活力，充满希望和力量。

大面积的绿色和黄色交错，给人动感时尚的印象，树上的变化使得画面色彩丰富，充满活力。

低明度色调体现出柔嫩

与对比色搭配，会让人或事物展现美好动人的风采；与互补色或分离互补色搭配，会给人亲近柔和的印象。

柔嫩的配色

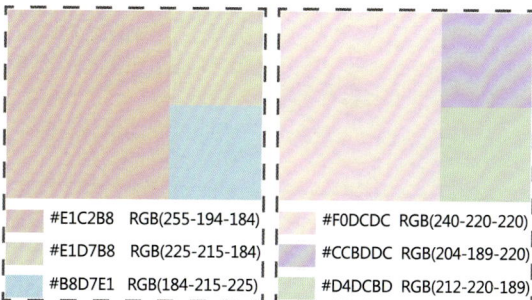

#E1C2B8	RGB(255-194-184)
#E1D7B8	RGB(225-215-184)
#B8D7E1	RGB(184-215-225)

#F0DCDC	RGB(240-220-220)
#CCBDDC	RGB(204-189-220)
#D4DCBD	RGB(212-220-189)

低色调体现出快活感

与同色系搭配，表达出女性的含蓄之美；与邻近色搭配，表现出青春童话般的美妙联想；搭配低纯度的间色或互补色，给人享受和快活的感觉。

快活的配色

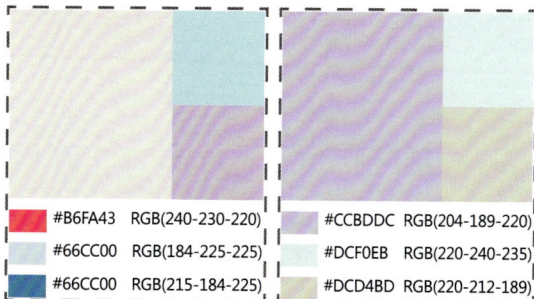

#B6FA43	RGB(240-230-220)
#66CC00	RGB(184-225-225)
#66CC00	RGB(215-184-225)

#CCBDDC	RGB(204-189-220)
#DCF0EB	RGB(220-240-235)
#DCD4BD	RGB(220-212-189)

9.6 清爽自然的网站色彩印象

清爽自然的网站色彩

　　像大自然的气息，给人清新的享受与希望的力量，经常用于网页设计和广告设计中，与对比色搭配，能呈现出清爽、透彻的感觉。

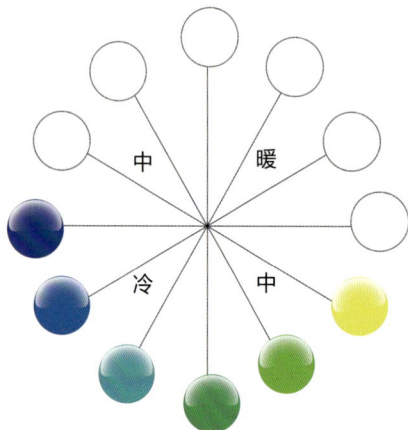

同色系色调体现天然

　　清澈的蓝色系色调的搭配，使画面显得清爽，添加些近似色的点缀，更能彰显画面的天然性。

天然的配色

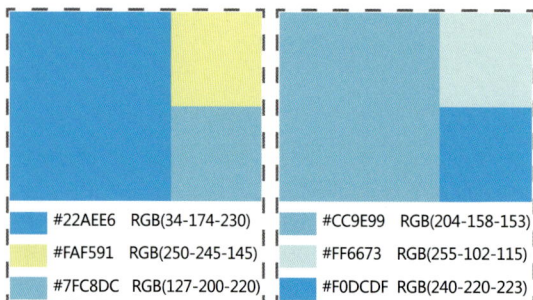

#22AEE6	RGB(34-174-230)
#FAF591	RGB(250-245-145)
#7FC8DC	RGB(127-200-220)

#CC9E99	RGB(204-158-153)
#FF6673	RGB(255-102-115)
#F0DCDF	RGB(240-220-223)

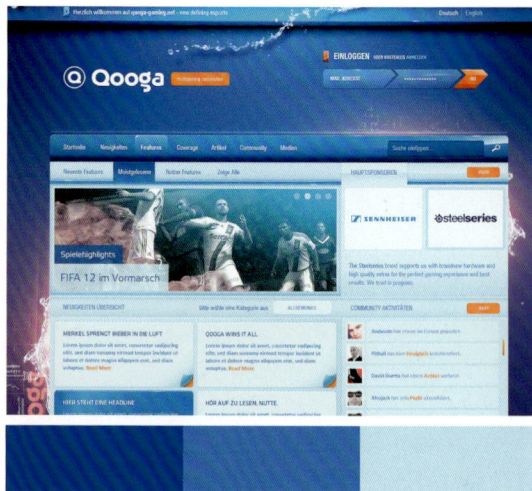

洗练的印象

蔚蓝色的寓意就是万里晴空，它是令人放松的清澈蓝色，既有蓝色的理性，又略带洗练的感觉。

与同色系搭配，让人觉得舒适、清爽，联想到在炎热的夏天，呆在这样的地方是最惬意的事情。

黄绿色的色调淡、明、强，纯度低，给人阳光灿烂的感觉。使用这种色调显得逍遥自在、无拘无束，就像在春天郊游时一样快乐无比。

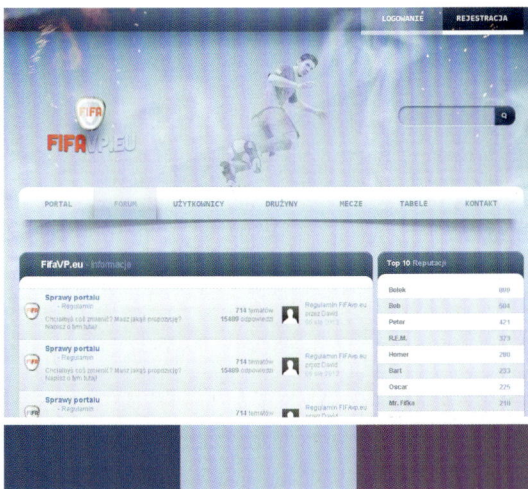

水蓝色具有清爽的色相，用在运动的网页中，与优美的紫红色搭配，些许黄色的点缀，更加展现出了凉爽、滋润的感觉。

明朗的色调体现悠闲

　　这种色调给人的感觉是外向开朗、积极向上、轻松诙谐，常用在日化用品与漫画中。加入天蓝色，显得包罗万象。

悠闲的配色

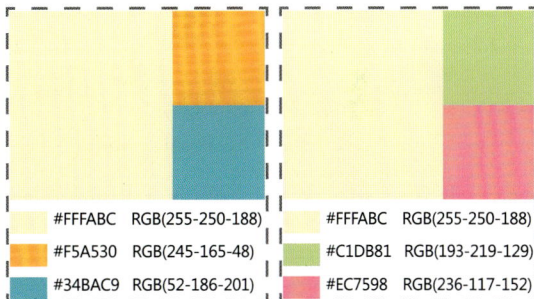

#FFFABC	RGB(255-250-188)
#F5A530	RGB(245-165-48)
#34BAC9	RGB(52-186-201)

#FFFABC	RGB(255-250-188)
#C1DB81	RGB(193-219-129)
#EC7598	RGB(236-117-152)

高明度色调体现出阳光

　　色调清爽、明快，与原色、间色和复色搭配，给人开朗、豪放的印象；与邻近色搭配时，效果会很自然和谐，使人们产生一种舒适惬意的感受。

阳光的配色

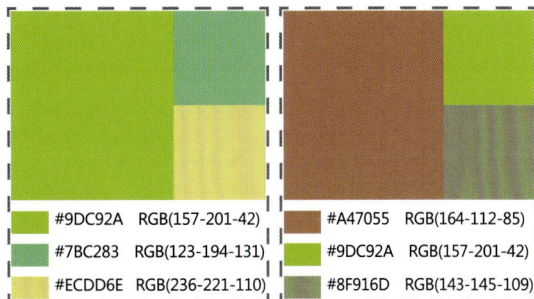

#9DC92A	RGB(157-201-42)
#7BC283	RGB(123-194-131)
#ECDD6E	RGB(236-221-110)

#A47055	RGB(164-112-85)
#9DC92A	RGB(157-201-42)
#8F916D	RGB(143-145-109)

9.7　浪漫甜美的网站色彩印象

浪漫甜美的网站色彩

　　浅淡的色调能给人一种清澈透明的视觉享受，营造出典雅、浪漫的氛围。它以浅淡的紫色与丁香色为主，给人一种朦胧的梦幻感觉。

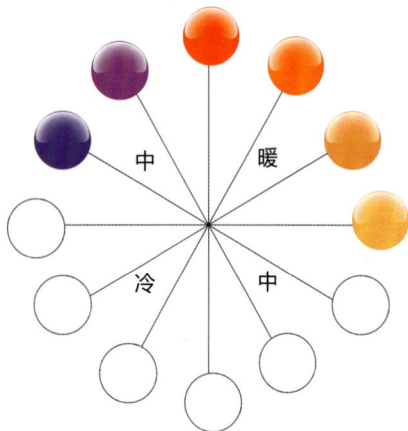

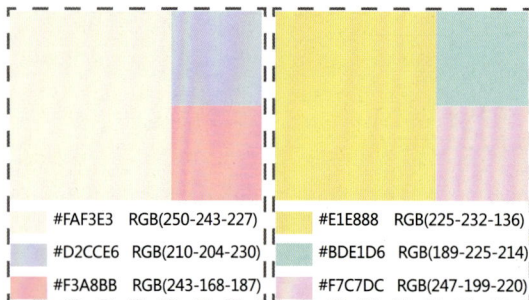

清新浪漫的印象

使用明度很高的浅黄色和粉红色构成页面的主体色调，让人感觉清新、自然和梦幻。

柔美色调体现浪漫

　　丁香色是一种有着含蓄女性印象的温柔紫色，用它搭配明亮清新的色彩，可以表现和谐感。

浪漫的配色

#FAF3E3	RGB(250-243-227)
#D2CCE6	RGB(210-204-230)
#F3A8BB	RGB(243-168-187)

#E1E888	RGB(225-232-136)
#BDE1D6	RGB(189-225-214)
#F7C7DC	RGB(247-199-220)

鲜花素来就是甜蜜浪漫的象征，再加上深红色系和米白色的搭配作为背景，为画面中的花卉做衬托，给人一种浪漫温暖的感觉。

温柔印象的色调体现出甜美

甜美使人联想到糖果、冰淇淋、点心等甜味食品，甜食使人感到心情愉快，甜美所表现出的色调也可传达出一种天真、快乐的感觉。

甜美的配色

画面中的色系总是让人感到很甜蜜，通过不同纯度和明度的变化进行合理地搭配，充分表现了令人垂涎欲滴的美食。

#BBC4E4	RGB(187-196-228)
#F3A694	RGB(243-166-148)
#F7B000	RGB(247-176-0)

#EA6182	RGB(234-97-130)
#B3D3AA	RGB(179-211-170)
#FFDB4F	RGB(255-219-79)

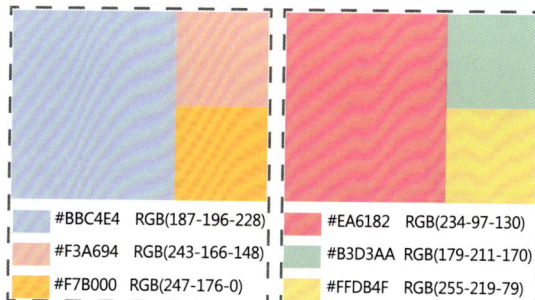

高纯度色调体现出欢乐

如同冬日的阳光一样，高纯度色调给人温暖，象征着丰富、光辉和美丽，适用于表现开放的年轻人，与同类色、邻近色搭配，色调统一而不失奔放。

欢乐的配色

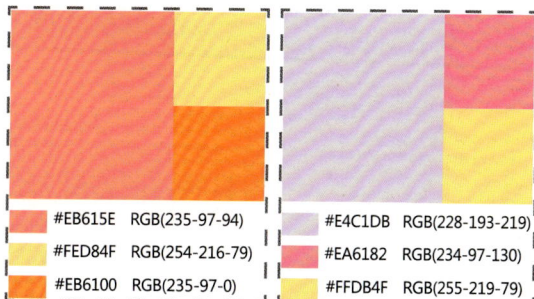

不同明度和纯度的紫藤色相搭配，给人一种亲切、和善的感受，并且能够展现出典雅的感觉，再加上少女的微笑，体现出了女性的温柔。

#EB615E	RGB(235-97-94)
#FED84F	RGB(254-216-79)
#EB6100	RGB(235-97-0)

#E4C1DB	RGB(228-193-219)
#EA6182	RGB(234-97-130)
#FFDB4F	RGB(255-219-79)

163

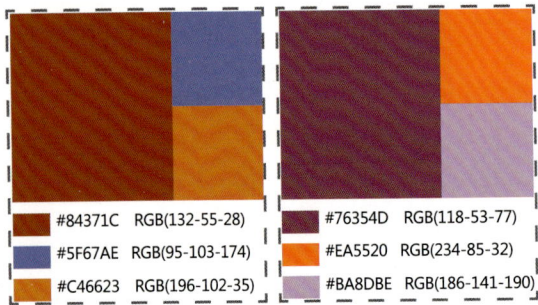

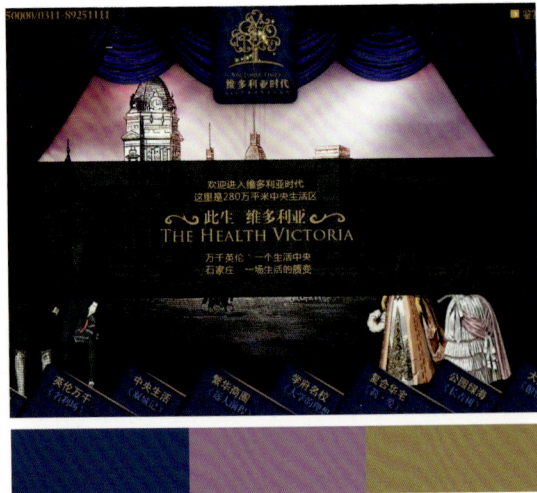

9.8　传统稳重的网站色彩印象

传统稳重的网站色彩

橄榄绿与同类色、邻近色搭配时，给人带来友好和善的感觉；与对比色搭配，显得尊贵高雅；在灰色调中，起到一定的收敛作用。

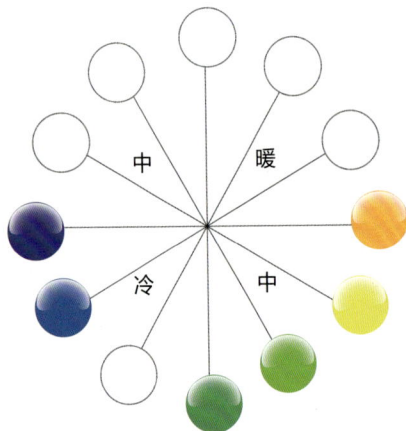

传统稳重的印象

欧式古典花纹和建筑，明度较低的深蓝色和黄色搭配，无处不体现出传统和古典的韵味。

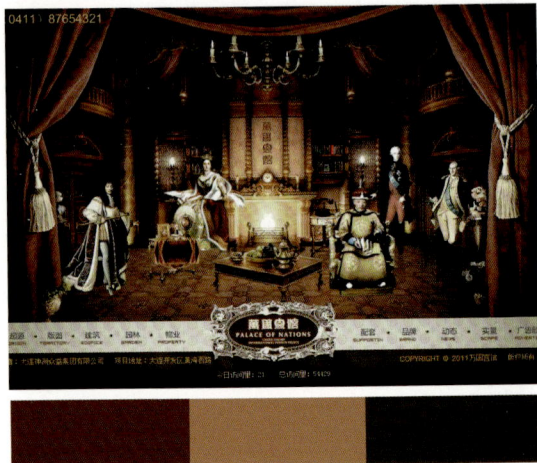

暗灰色调体现历史

历史总是让人联想到东方的民俗文化或西方的古罗马建筑。它以褐色和暖色调为主，温暖而凝重的色彩令人感到沉静与安宁。

历史的配色

#84371C	RGB(132-55-28)
#5F67AE	RGB(95-103-174)
#C46623	RGB(196-102-35)

#76354D	RGB(118-53-77)
#EA5520	RGB(234-85-32)
#BA8DBE	RGB(186-141-190)

通过灰暗的褐色与古代宫廷图像作为网页的主色调和背景图，体现出浓厚的历史气息，具有很强的年代感和历史韵味。

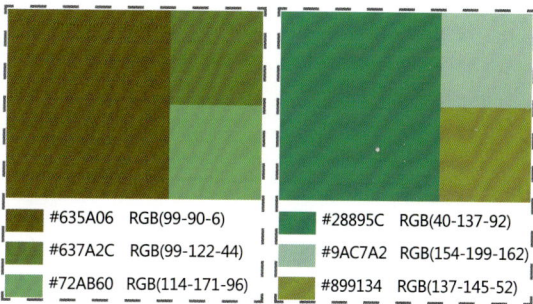

使用灰蓝色作为网页的主色调，搭配明度较高的蓝色，整个网页显得稳重、宁静，让人感觉非常舒服。

暗色调体现出稳重

灰绿色色彩稳重而充满威严，与互补色搭配，是个性和情趣的体现；与柔和的邻近色相搭配，色彩分明，表现出严肃的感觉。

稳重的配色

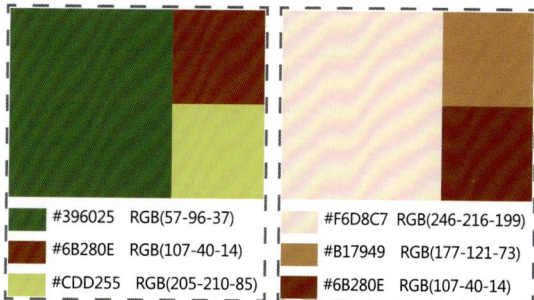

#635A06	RGB(99-90-6)
#637A2C	RGB(99-122-44)
#72AB60	RGB(114-171-96)

#28895C	RGB(40-137-92)
#9AC7A2	RGB(154-199-162)
#899134	RGB(137-145-52)

低明度色调体现出沉稳

低明度体现出沉稳的印象，搭配低色调，能表现高尚的品格；搭配间色，能起到缓和的作用，表现出坚实的印象；搭配低明度的邻色，给人一种厚重深邃的感觉。

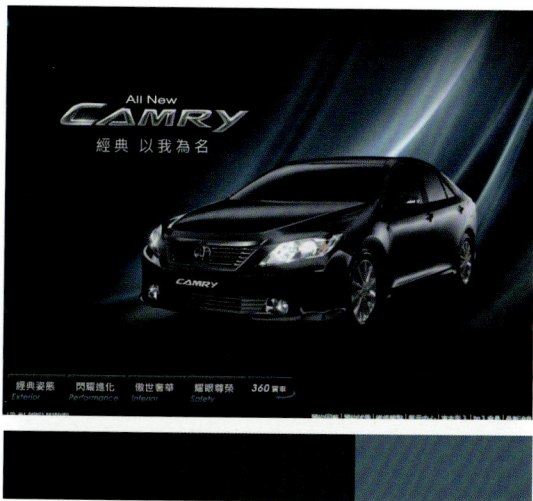

使用蓝黑色作为网页主色调，让人感觉高端、大气，通过明度稍亮一些的蓝色点缀画面，配合灰色的质感文字，使整个网页让人感觉沉稳、流动，很有质感和档次感。

沉稳的配色

#396025	RGB(57-96-37)
#6B280E	RGB(107-40-14)
#CDD255	RGB(205-210-85)

#F6D8C7	RGB(246-216-199)
#B17949	RGB(177-121-73)
#6B280E	RGB(107-40-14)

165

9.9　雍容华贵的网站配色印象

雍容华贵的网站配色

　　雍容华贵的色调常用来表现浓郁、高雅的情调与热情奔放的情感，还能表现出女性的柔美多情，常用来表现女士的礼服。根据色调的差异还可以表现温暖时尚的效果。

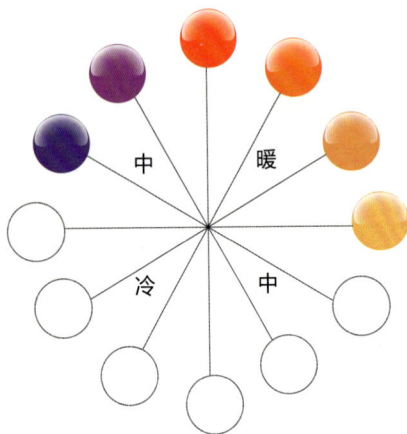

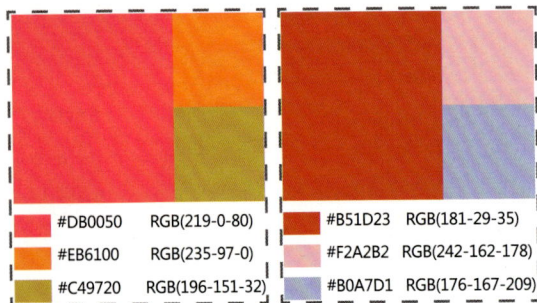

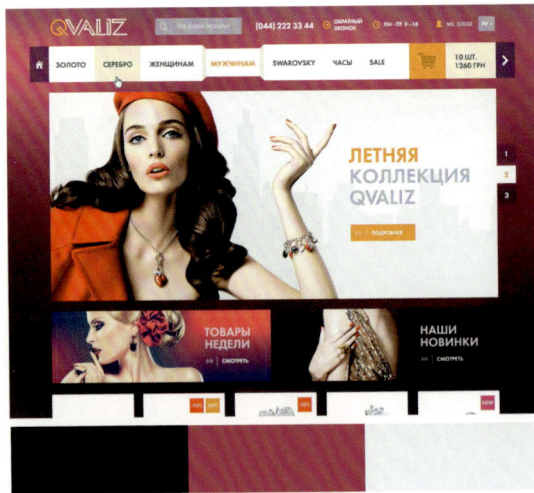

高贵华丽的印象

纷繁炫目的装饰给人一种华美的感觉，使用华丽色调的首饰更能表现女性的雍容华贵。

炫彩色调体现华丽

　　使用明度和纯度较高的暖色调，例如红色、洋红色、橙色和黄色等，可以体现出华丽的感觉。

华丽的配色

#DB0050	RGB(219-0-80)
#EB6100	RGB(235-97-0)
#C49720	RGB(196-151-32)

#B51D23	RGB(181-29-35)
#F2A2B2	RGB(242-162-178)
#B0A7D1	RGB(176-167-209)

华丽的色调多为女性所爱，常常用于服装、婚礼以及女性产品的广告宣传上，表现其性感、暧昧与娇艳的气质。

咖啡色是一种有品位，而且内敛的颜色，与典雅的红色搭配，散发出浓郁的风情，给人非常精致典雅的感觉。

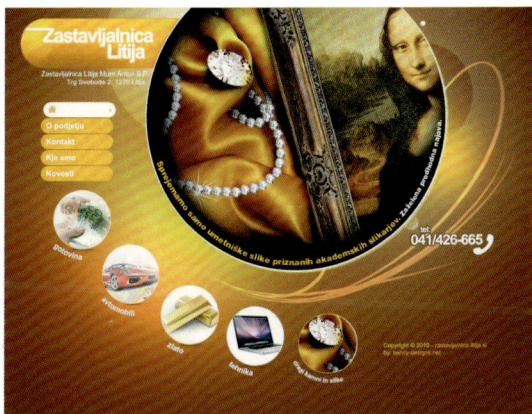

褐色色调和黄色的搭配，营造了富有韵味的典雅氛围，再加上蒙娜丽莎图片的衬托，画面给人一种高贵、典雅的特质。

低明度色调体现出华贵

　　低明度色调沉稳，是一种具有传统气息的色彩，适用于表现庄重、典雅的气氛及颇具特色的食物，与同色系、邻近色相搭配，色调和谐统一，搭配互补色，表现出干净利落的效果。

华贵的配色

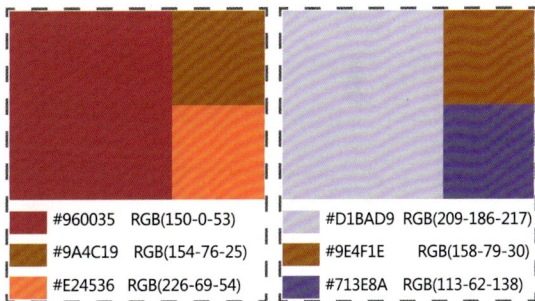

#960035	RGB(150-0-53)
#9A4C19	RGB(154-76-25)
#E24536	RGB(226-69-54)

#D1BAD9	RGB(209-186-217)
#9E4F1E	RGB(158-79-30)
#713E8A	RGB(113-62-138)

高纯度色调体现出典雅

　　高纯度的色调给人高贵、时尚、华丽、典雅的现代感。酒红色比纯红色更成熟、有韵味，女性穿上这种色调的服饰会尽显女性魅力。

典雅的配色

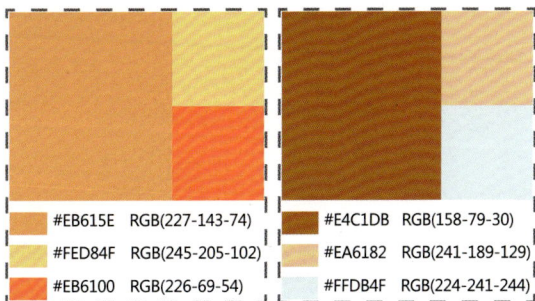

#EB615E	RGB(227-143-74)
#FED84F	RGB(245-205-102)
#EB6100	RGB(226-69-54)

#E4C1DB	RGB(158-79-30)
#EA6182	RGB(241-189-129)
#FFDB4F	RGB(224-241-244)

9.10　艳丽的网站配色印象

艳丽的网站配色

　　鲜艳的色调总是让人感觉明快、艳丽，令人振奋，它有着引人注目的能量，能给人带来温暖，也是具有春天气质的颜色，常用来表现春天百花齐放的美丽。

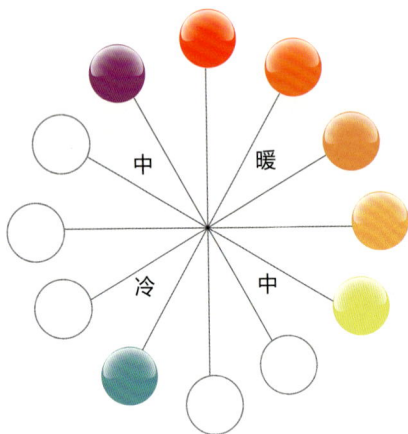

艳丽的印象

多元素并且鲜艳的色彩组合，充分展现各自的美丽，积极、活泼、明艳的色相给人以内容丰富的感觉。

鲜艳色调体现艳丽

　　艳丽风格的配色使用视觉上引人注意的图像，能左右人们的视线。提高彩度、和谐地使用多种颜色，能给人一种鲜艳的感觉。

艳丽的配色

色块	代码	RGB
红	#FF0000	RGB(255-0-0)
绿	#C0FF00	RGB(192-255-0)
蓝	#00C0FF	RGB(0-192-255)

色块	代码	RGB
绿	#B9F30C	RGB(185-243-12)
蓝	#0CB9F3	RGB(12-185-243)
橙	#F3B90C	RGB(243-185-12)

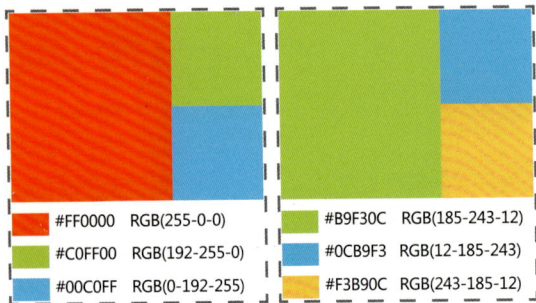

通过纯度较高的鲜丽色彩相搭配，体现出新鲜、快乐的感觉，鲜艳的红橙色作为网页主色调，充分体现出产品的美味和快乐。

娇柔、羞怯的明亮之红，有着玫瑰的芬芳、娇艳，能够充分地展现女性的魅力和孩童的天真活泼，总是能给人带来幸福、美好的气息。

高明度体现出明媚

　　高明度的色调搭配在一起，营造出秋高气爽、阳光明媚的好风景，再点缀一些高纯度色彩，显得特别传神、引人注目。

明媚的配色

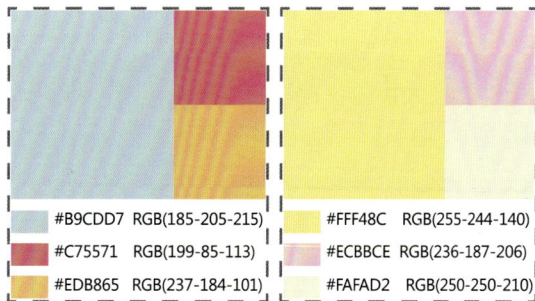

#B9CDD7　RGB(185-205-215)	#FFF48C　RGB(255-244-140)
#C75571　RGB(199-85-113)	#ECBBCE　RGB(236-187-206)
#EDB865　RGB(237-184-101)	#FAFAD2　RGB(250-250-210)

高纯度色调体现出娇艳

　　牡丹粉是一种明艳的粉紫红色，娇艳无比，它代表着明媚的春光和无限的春色，是一种十分美好的颜色。

高纯度的蓝色作为网页主色调，搭配同样高纯度的多彩色，表现出快乐、鲜艳的色彩印象，非常适合用于年轻人的网页中。

娇艳的配色

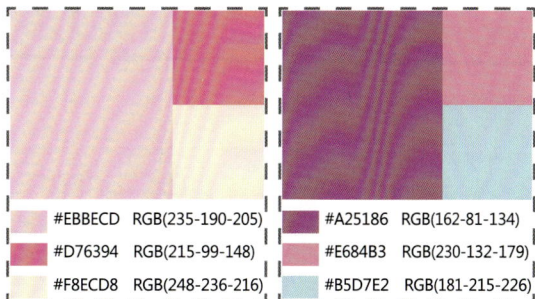

#EBBECD　RGB(235-190-205)	#A25186　RGB(162-81-134)
#D76394　RGB(215-99-148)	#E684B3　RGB(230-132-179)
#F8ECD8　RGB(248-236-216)	#B5D7E2　RGB(181-215-226)

169

第10章

不同色调的网页配色

高纯度强对比的色调

页面使用了高纯度的绿色、红色和黄色，给人一种艳丽的感觉。

网页配色的色调特点

在网页进行优化或改变整体色调时，最主要的是先确定网页基本色调的面积统治优势。在网页中经常使用多色组合，如果大面积、多数量地使用鲜艳的色彩，网页的色调势必会非常鲜艳，大面积、多数量使用灰色，势必会使页面笼罩一层灰调，其他色调以此类推。这种方法能在网页整体变化中产生明显的统一感。如果设置小面积、对比强烈的点缀色、强调色或醒目色，由于其不同色感和色质的作用，会促使整个网页页面丰富、活跃起来。但是色彩对比过于强势、醒目色过于明显、点缀色面积过大的话，会破坏页面的整体统一感，失去色彩的平衡，会显得杂乱无章。反之，如果这些色彩的面积太小，会被四周包围的色彩同化、融合而失去预期的作用。所以在网页的配色选择上应充分掌握各种色调的特点，这样才能完成对网页主题比较鲜明的表达。

高纯度色相搭配的色调有一种艳丽夺目的感觉，让人产生兴奋、愉快的印象。

降低了各种色彩的纯度，加入了少许白色，使色彩变得轻快、明亮起来。

轻柔明快的亮色调

网页中的色彩单一，大量白色的融入让网页有了一种明亮、纯净的印象。

网页背景的黑暗色调让人产生一种深沉、坚实的印象，少许亮色的加入让页面有了一种动感，整体给人一种经典、怀旧的感受。

网页的整个色调偏暗，给人一种老成的印象，深灰色的西服颜色给人严谨尊贵的感觉，紫红色的加入又增添了一份高雅的感受。

10.1　纯色调体现鲜明

纯色调的网站配色

　　纯色调在高纯度、强对比的各色相之间起到了间隔、缓冲、调节的作用，达到了有变化也有统一的效果。纯色调是由高纯度色相组成的色调。

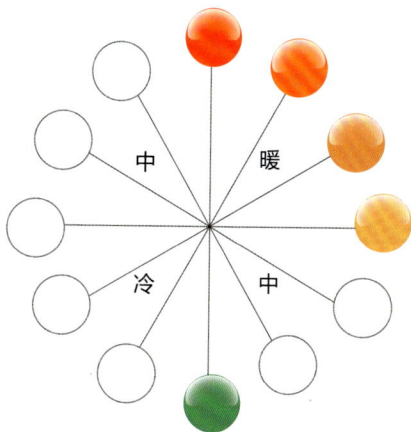

高纯度色调的对比体现鲜明个性

　　由于纯度高的色调在页面中的色彩较为强势，所以在表达事物个性方面比较鲜明。

个性鲜明的配色

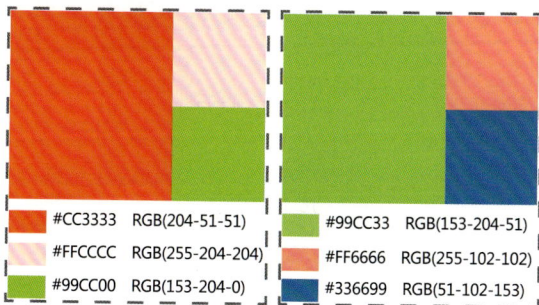

#CC3333	RGB(204-51-51)
#FFCCCC	RGB(255-204-204)
#99CC00	RGB(153-204-0)

#99CC33	RGB(153-204-51)
#FF6666	RGB(255-102-102)
#336699	RGB(51-102-153)

色相个性鲜明，刺激感强烈

页面中色相个性鲜明，色相纯度高且很鲜艳，高纯度的黄色给人以挑战、刺激的感觉。

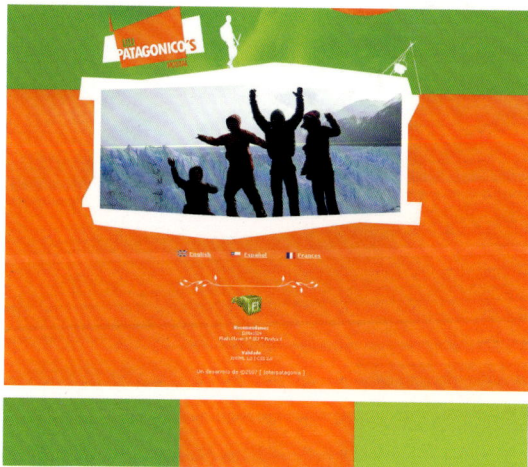

高纯度的橙色和绿色传达出一种兴奋和活力，暖色之间的强烈对比给人以个性、朝气的感觉，整个页面个性鲜明，充满朝气。

页面中使用了大面积的蓝色色调，高纯度的颜色体现了一种科技感和现代感。使用浅蓝作为过渡，保持了整个页面的统一和协调。

高纯度色调体现科技感

蓝色色调作为一种冷色调，它所要传达的是一种理性和冷静。高纯度的蓝色色调在页面中也可以传达出一种科技时代感，给人一种理性、冷静的感受。

科技感的配色

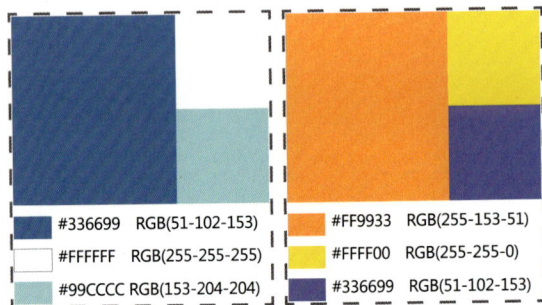

#336699　RGB(51-102-153)
#FFFFFF　RGB(255-255-255)
#99CCCC　RGB(153-204-204)

#FF9933　RGB(255-153-51)
#FFFF00　RGB(255-255-0)
#336699　RGB(51-102-153)

纯红色调可以带给人一种刺激和兴奋感，使整个网页有一种鲜明的感觉，中间配上一段纯黄色作为过渡，丰富了整个页面。

高纯度暖色所体现的华丽感

高纯度暖色所组成的色调往往具有华丽感，各种暖色通过在页面中使用不同面积和区域来表达一种华丽感，红色和黄色的搭配能达到很好的宣传效果。

华丽的配色

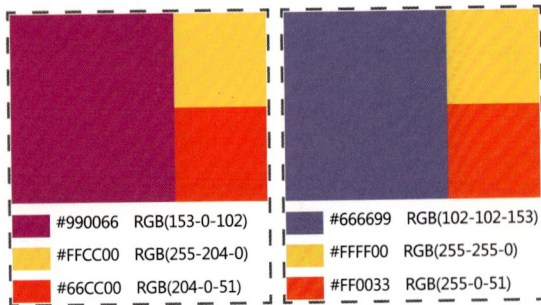

#990066　RGB(153-0-102)
#FFCC00　RGB(255-204-0)
#66CC00　RGB(204-0-51)

#666699　RGB(102-102-153)
#FFFF00　RGB(255-255-0)
#FF0033　RGB(255-0-51)

10.2　中明色调体现清新

中明色调的网站配色

　　中明色调的刺激感仅次于高纯色调，中色调加入白色，提高了明度，因此显得清新、明朗，像少男少女的纯真，朝气蓬勃，具有上进精神。

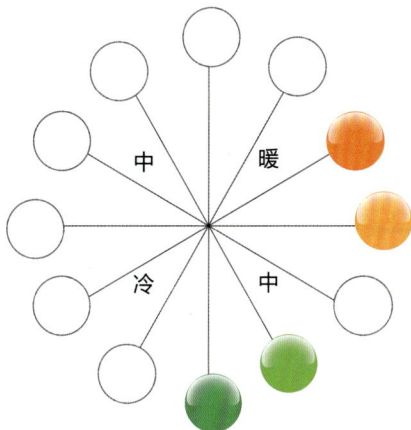

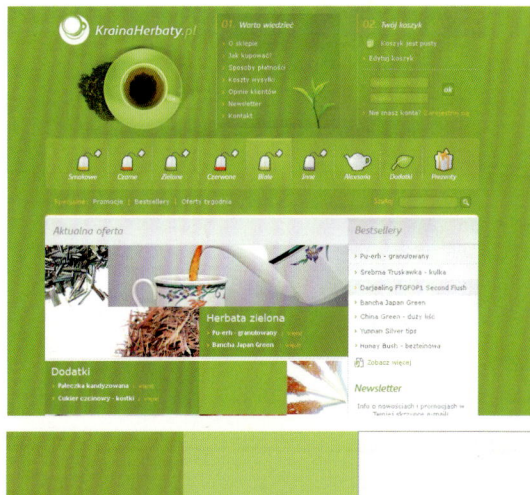

提高色彩明度，降低视觉刺激

页面中的绿色色值明度提高，刺激感减弱，给人一种清新、明朗的感觉，多了一份生气和自然。

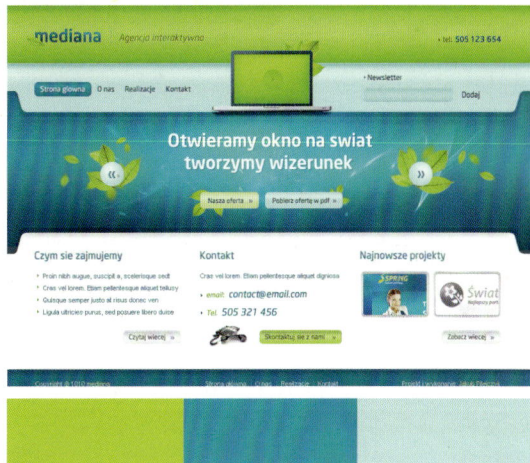

中明色调对比体现清新活力

　　中明色调加入白色以后，整个色调的艳丽程度减少，不同中等色调的颜色值对比呈现出清新、自然的感觉。

活力清新的配色

#99CC00	RGB(204-51-51)
#CCCC99	RGB(204-204-153)
#CC3399	RGB(204-51-153)

#0099CC	RGB(0-153-204)
#FF6666	RGB(204-204-204)
#FFF6666	RGB(255-102-102)

页面中的浅蓝色给人以忧郁、宁静的感觉，配上绿色的活泼、欢快，整个网页给人以清新、明朗且有活力的感受。

页面中浅蓝色的背景让人联想到天空和大海，给人以宽广的感受，白色和透明色的加入使整个页面清晰、宽广。

中明冷色调体现宽广感

深蓝色的色调给人以冷峻的感受，如果提高其明度，加入少许白色，让它接近大海或天空的颜色，就会变得更加自然、宽广和明快。

宽广感的配色

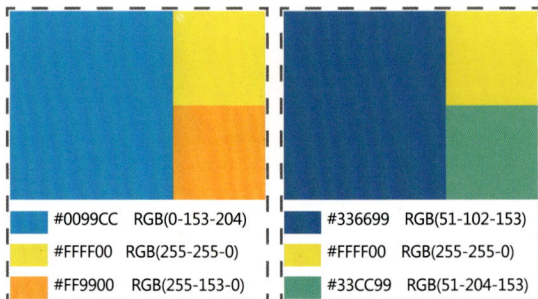

#0099CC	RGB(0-153-204)
#FFFF00	RGB(255-255-0)
#FF9900	RGB(255-153-0)

#336699	RGB(51-102-153)
#FFFF00	RGB(255-255-0)
#33CC99	RGB(51-204-153)

中明暖色调体现轻快感

高纯度的暖色会带给人挑战、华丽的感受，提高其明度会有一种温馨、愉悦的感觉，如果配上稍许冷色，会令人感到充满趣味和活力。

明度稍高的黄色给人以温馨、愉悦的感受，通过各种冷色的点缀，使整个页面充满趣味性和轻快的节奏感。

轻快感的配色

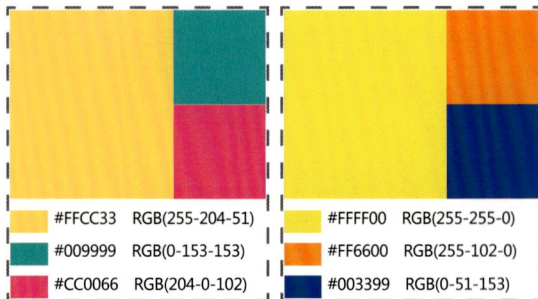

#FFCC33	RGB(255-204-51)
#009999	RGB(0-153-153)
#CC0066	RGB(204-0-102)

#FFFF00	RGB(255-255-0)
#FF6600	RGB(255-102-0)
#003399	RGB(0-51-153)

10.3　明色调体现明净

明灰调的网站配色

　　明色调属于青色系列，其特征是加入了大量白色，提高了整体色调的明度，色感相对减弱，犹如春天的新绿，透明、清澈、明净和轻快。

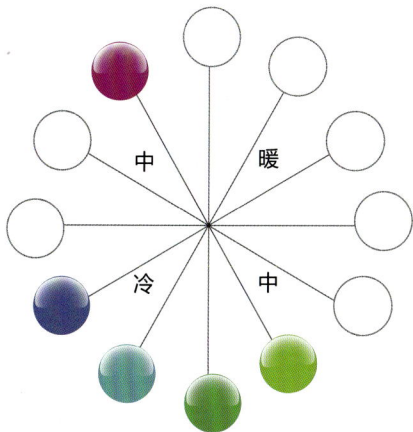

明色调对比体现轻柔、明快

　　大海的蓝色给人以汹涌澎湃的感觉，在页面中提高蓝色的明度，加上填充一些白色或粉色，将展现出轻柔的一面。

轻柔明快的配色

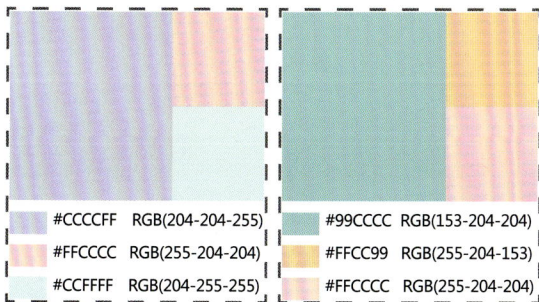

#CCCCFF	RGB(204-204-255)
#FFCCCC	RGB(255-204-204)
#CCFFFF	RGB(204-255-255)

#99CCCC	RGB(153-204-204)
#FFCC99	RGB(255-204-153)
#FFCCCC	RGB(255-204-204)

明色调体现一种纯净、透明感

页面中的色调明度被进一步提高，整个页面风格给人以纯净、透明的感觉，营造了一种轻盈柔美的效果。

页面中的蓝绿色给人以忧郁、宁静的感觉，配上暖黄色的活泼、欢快，整个网页给人以清新、明朗且有活力的感受。

177

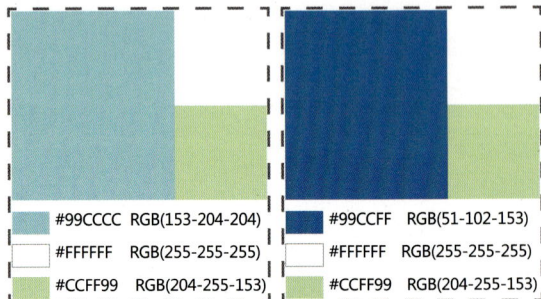

整个页面以水质的颜色作为背景色，给人一种纯净的印象，配以绿色作为辅助色，给人以明净、自然的印象。

明色调中的冷色体现清凉、爽快

明色调中的冷色可以通过提高明度对色感进行减弱，达到一种透明的青色效果，给人以清凉、爽快的感觉，如果在适当的地方加入一点绿色，会显得更加清新、自然。

清凉的配色

#99CCCC	RGB(153-204-204)	#99CCFF	RGB(51-102-153)
#FFFFFF	RGB(255-255-255)	#FFFFFF	RGB(255-255-255)
#CCFF99	RGB(204-255-153)	#CCFF99	RGB(204-255-153)

以粉红色的暖色为主色调，加上白色作为过渡色，使整个页面充满甜美的味道，传达出一种清纯可人的印象。

明色调中的暖色体现甜美感

以明色调的暖系列为主的配色，给人以甜美、清纯的感受，代表的色调有粉红色、浅黄色等，使用时可以通过提高其明度来体现这一感觉。

清纯的配色

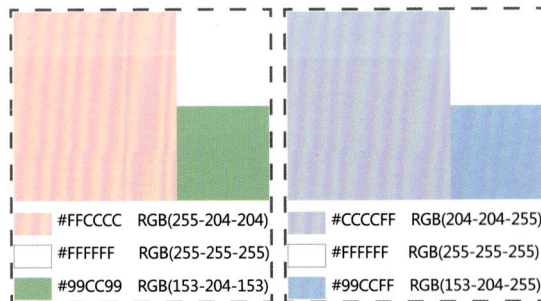

#FFCCCC	RGB(255-204-204)	#CCCCFF	RGB(204-204-255)
#FFFFFF	RGB(255-255-255)	#FFFFFF	RGB(255-255-255)
#99CC99	RGB(153-204-153)	#99CCFF	RGB(153-204-255)

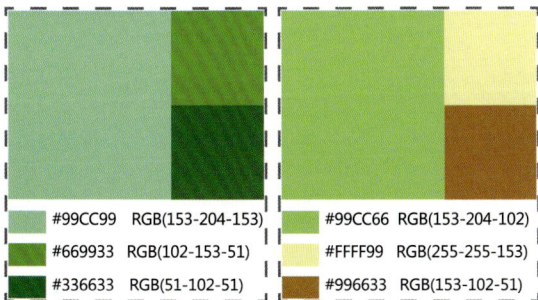

10.4　明灰色调体现高雅

明灰色调的网站配色

　　明灰色调是在全部的色相系中大量加入了浅灰颜色，使色相带有一种灰浊味，色相明度提高，明灰调给人以平静、高雅、恬静的感觉。

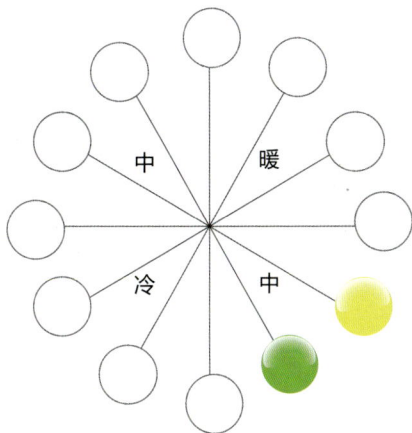

明灰色调体现高雅

页面中的色相融入了浅灰的色彩，减少了页面色彩所固有的浮华，展现其高雅的一面。

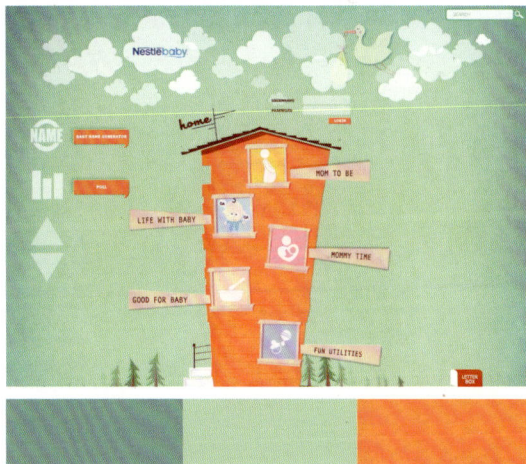

明灰调的暗淡体现出平静

　　在网页中加入不等数量的白色和浅灰色，可以中和高明度色相本身所带来的刺激感，带给人们一种平静感。

平静的配色

色块	色值	RGB
	#99CC99	RGB(153-204-153)
	#669933	RGB(102-153-51)
	#336633	RGB(51-102-51)

色块	色值	RGB
	#99CC66	RGB(153-204-102)
	#FFFF99	RGB(255-255-153)
	#996633	RGB(153-102-51)

页面背景的灰度浅绿色给人以辽阔、空旷的印象，将网页内容部分覆盖上欢快的橘黄色，整体给人以恬静、欢快的印象。

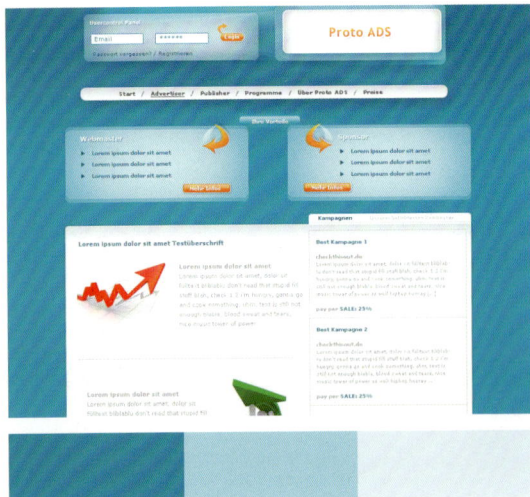

页面中的浅蓝色背景给人以理性、冷静的感受，浅灰颜色的加入给人以深邃、客观的印象，网页整体给人以客观并具有洞察力的感觉。

明灰色调中的冷色体现深邃、客观

浅灰色的融入可以减弱冷色的一种严肃和冷峻印象，从而保留了一种客观和理性的感受，并增添了一种深邃的印象，在企业网站页面中使用较频繁。

深邃的配色

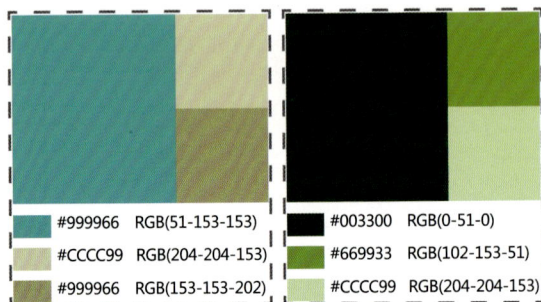

#999966	RGB(51-153-153)
#CCCC99	RGB(204-204-153)
#999966	RGB(153-153-202)

#003300	RGB(0-51-0)
#669933	RGB(102-153-51)
#CCCC99	RGB(204-204-153)

明灰色调中的暖色体现宁静、悠闲

暖色中的黄色给人以温暖、舒适的感觉，调入不等数量的浅灰色后，会造成一种太阳余晖的颜色印象，增添一份宁静和休闲的感受。

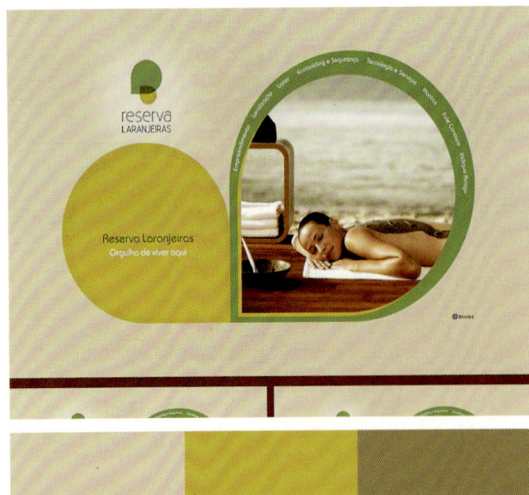

黄色以及黄绿色色相的加入使整个页面充满舒适和温暖感，浅灰颜色的融入又使整个页面趋于一片平静之中。

悠闲的配色

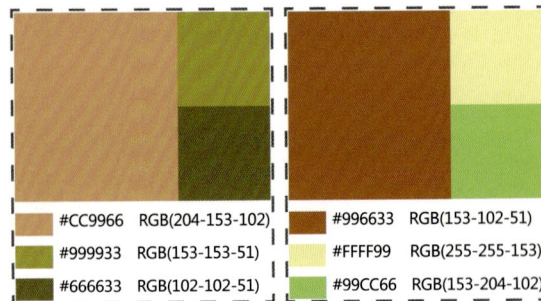

#CC9966	RGB(204-153-102)
#999933	RGB(153-153-51)
#666633	RGB(102-102-51)

#996633	RGB(153-102-51)
#FFFF99	RGB(255-255-153)
#99CC66	RGB(153-204-102)

10.5　中灰色调体现朴实

中灰色调的网站配色

　　中灰调是一组中等明度的含灰色调，色相环中所有颜色均调入中灰色，会使纯度降低，色相感淡薄。中灰调带有几分深沉与暗淡，有着朴实、含蓄、稳重的特点。

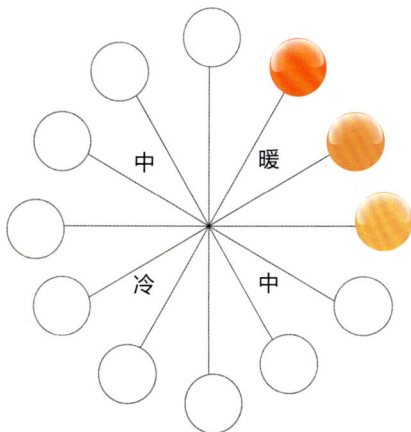

中灰色调的冷色体现出大方、沉稳

　　冷色中灰色调的加强可以使页面多一份深沉与平稳，不会导致色相过于鲜艳而失去一种大方的印象。

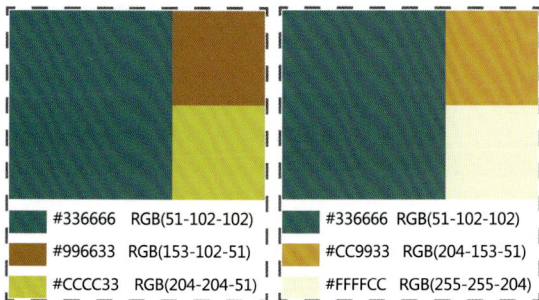

中灰色调塑造高雅大方

页面中使用了中等程度的灰色来表现女性含蓄、柔美的一面，低纯度、少彩色的配色给人以高雅、大方的感觉。

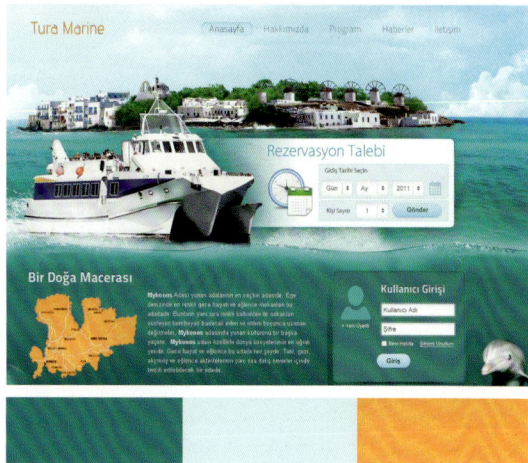

稳重的配色

#336666	RGB(51-102-102)
#996633	RGB(153-102-51)
#CCCC33	RGB(204-204-51)

#336666	RGB(51-102-102)
#CC9933	RGB(204-153-51)
#FFFFCC	RGB(255-255-204)

整体页面中使用低纯度的蓝绿色来表现大海的一种清澈与凉爽，加以少许橘黄色的点缀，使页面给人以清爽大方的印象。

紫红色突显了女性的一种高贵、大方和典雅，通过控制紫红色的纯度，使页面不至于太过张扬，收缩有致。

中灰色调淡薄色相体现古朴、典雅

紫色给人一种贵气、奢华的印象，通过加强灰色调的融入，可以削弱这种气质，从而突显一种古朴、典雅的气质，给人一种高贵、大方的印象。

典雅的配色

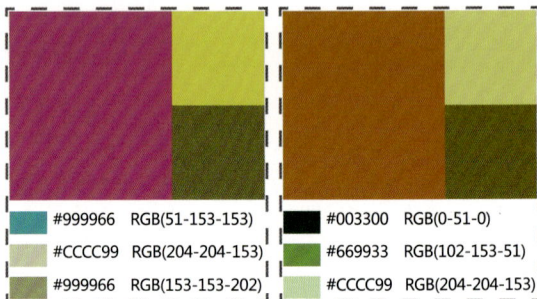

#999966 RGB(51-153-153)	#003300 RGB(0-51-0)
#CCCC99 RGB(204-204-153)	#669933 RGB(102-153-51)
#999966 RGB(153-153-202)	#CCCC99 RGB(204-204-153)

中灰色调衬托突显鲜艳颜色

绿色给人以生机、活力的印象，通过融入少许灰色，减弱色相感，会让人有一种朴实、生态、静谧的感受，作为一种衬托的色彩，可以突显其他颜色的色相感。

中灰度的绿色给人以沉稳、平衡的感觉，进而让人有一种安全的印象，通过与页面中各种颜色物品的对比，衬托物品的鲜艳程度。

生态的配色

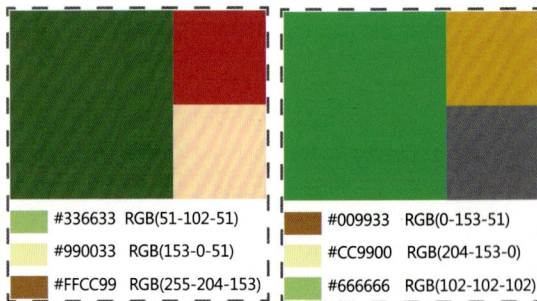

#336633 RGB(51-102-51)	#009933 RGB(0-153-51)
#990033 RGB(153-0-51)	#CC9900 RGB(204-153-0)
#FFCC99 RGB(255-204-153)	#666666 RGB(102-102-102)

10.6　暗灰色调体现浑厚

暗灰色调的网站配色

　　色相环中所有的颜色均调入暗灰色，使色相感呈现灰暗的色调，就像乌云密布的天空，阴郁暗淡、令人压抑。

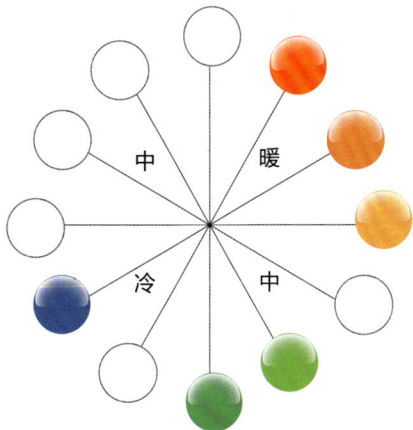

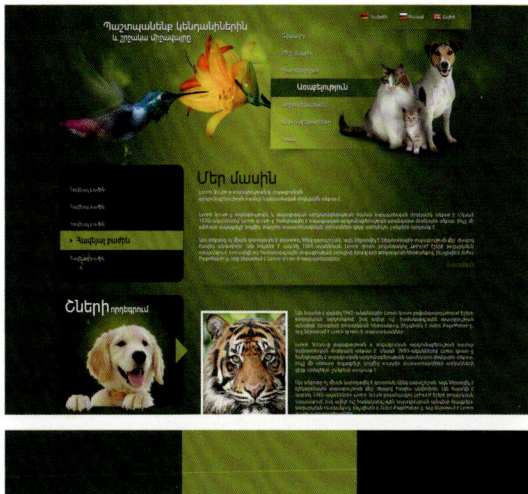

浑厚色调引发忧患意识

页面中的绿色能让人联想到大自然的生态环境，浑厚色调的呈现可以引发受众对于生态的思考和忧患意识。

暗灰色调的阴郁、冷清风格

　　冷色色相的明度偏低，其自身会呈现一种冷清，不易靠近的印象，加入暗灰色调后，其效果会更加明显。

冷清的配色

#336633　RGB(51-102-51)	#336666　RGB(51-102-102)
#990033　RGB(153-0-51)	#996633　RGB(153-102-51)
#FFCC99　RGB(255-204-153)	#CCCC33　RGB(204-204-51)

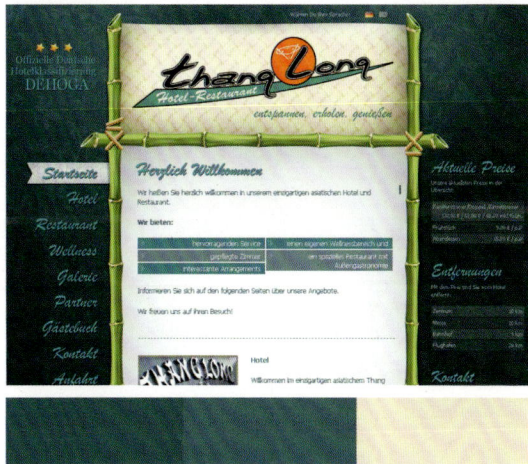

页面中的蓝绿色给人以整洁、清静的感觉，由于一些暖色的加入，从而避免了蓝绿色所造成的页面过于冷清的印象。

183

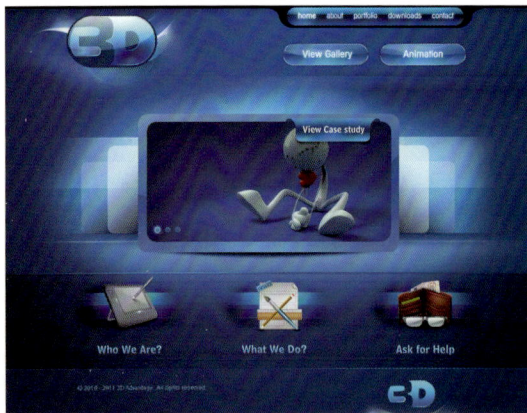

通过不同纯度的蓝色叠加方式来表现一个层次感分明的界面，灰暗色调的主体给人冷峻、炫酷的风格印象。

暗灰色调体现炫酷效果

在为页面配色时，选择一些明度较高的颜色值后，加入一些暗灰色调可以达到页面的整个明暗混合的效果，给人一种动感、炫酷的风格印象。

冷峻的配色

#336699	RGB(51-102-153)
#FFFF66	RGB(255-255-102)
#6699FF	RGB(102-153-255)

#3399CC	RGB(51-153-204)
#003366	RGB(0-51-102)
#CCCCCC	RGB(204-204-204)

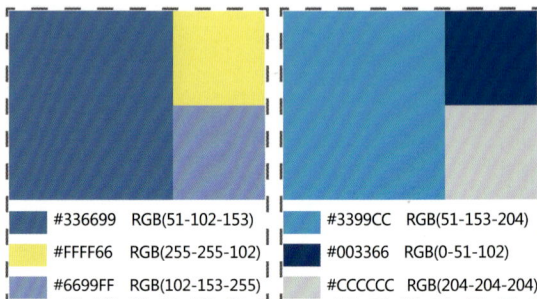

暗灰色调衬托神秘感

暗灰色调的阴郁暗淡可以塑造页面的一种神秘和冷峻，除了通过在页面中加入暖色突显内容外，还可以利用一些灰度值较高的颜色作为过渡色。

页面色彩灰暗度偏高，棕色浓重、浑厚，使整个页面笼罩在神秘与猜忌之中，达到了很好的吸引眼球的效果。

神秘感的配色

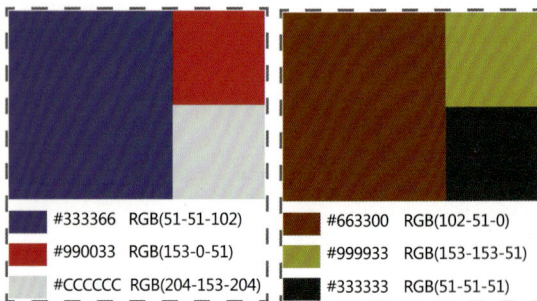

#333366	RGB(51-51-102)
#990033	RGB(153-0-51)
#CCCCCC	RGB(204-153-204)

#663300	RGB(102-51-0)
#999933	RGB(153-153-51)
#333333	RGB(51-51-51)

10.7　浊色调体现中庸

浊色调的网站配色

　　浊色调居于色彩体系的明暗中轴线与高纯色之间的位置，具有明显的色彩个性，有益于调和色调，这种配色倾向在应用中非常普遍。

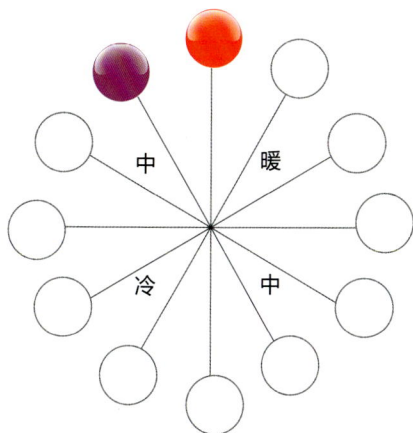

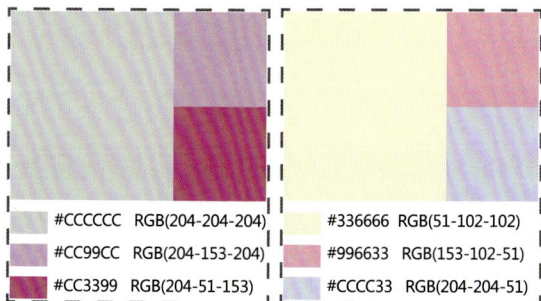

色彩对比温和，页面随和、朴实

页面中色彩对比不是很强烈，背景色彩处于一个中间状态，不太鲜也不太灰，给人以随和、朴实的印象。

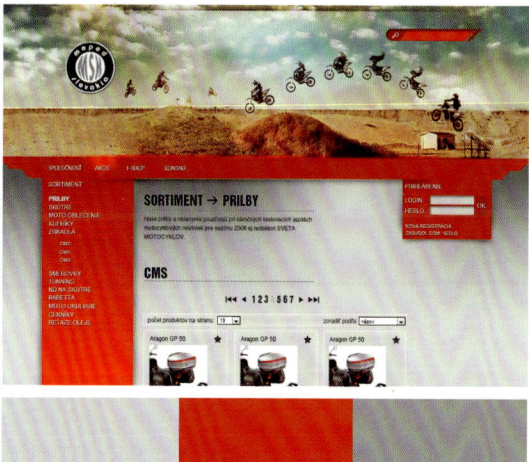

浊色调中和艳丽色彩

　　在确定好页面中高明度色相后，可以在色相中加入一定数量的黑、白、灰，使总体色彩表现得更加稳定和协调。

中和的配色

#CCCCCC　RGB(204-204-204)	#336666　RGB(51-102-102)
#CC99CC　RGB(204-153-204)	#996633　RGB(153-102-51)
#CC3399　RGB(204-51-153)	#CCCC33　RGB(204-204-51)

灰、白两色在页面中起到了中和色彩的作用，使整个页面色彩看起来不那么突兀，整体趋于协调、稳定。

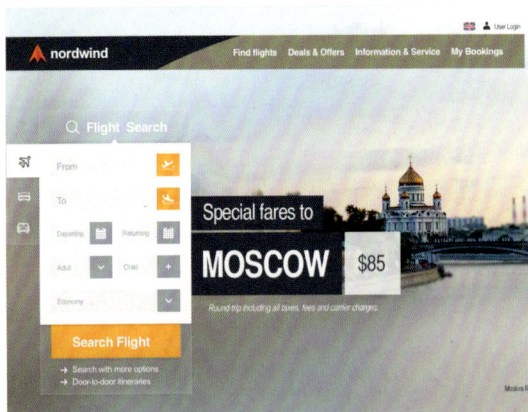

深灰色、灰色以及浅灰色的搭配使整个页面看起来简洁、朴实，另外暖色黄色的加入也使整个页面呈现宁静、安详的感觉。

页面颜色在选择上纯度不太深也不太浅，很好地迎合了周围红色、粉红色以及棕色的色彩印象，给人以闲适、温馨的状态。

浊色调塑造静谧、安详的视觉感受

浊色调可以呈现一种鲜、灰中间的色调，明度和纯度都属于中间状态，整体色感在视觉上给人以温馨、亲和感，塑造一种静谧、安详的印象。

安详的配色

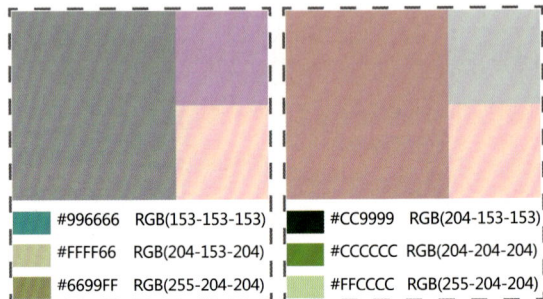

#996666　RGB(153-153-153)	#CC9999　RGB(204-153-153)
#FFFF66　RGB(204-153-204)	#CCCCCC　RGB(204-204-204)
#6699FF　RGB(255-204-204)	#FFCCCC　RGB(255-204-204)

浊色削弱色彩强度

由于浊色调的适应性较强，可以应用于网页的大部分配色中，还可以削弱其他颜色的色彩浓艳程度，完成良好的过渡，所以在网页中经常作为背景去衬托主体。

温馨的配色

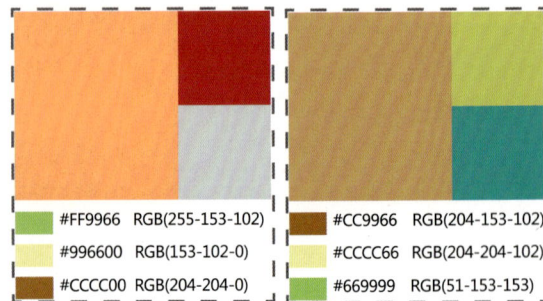

#FF9966　RGB(255-153-102)	#CC9966　RGB(204-153-102)
#996600　RGB(153-102-0)	#CCCC66　RGB(204-204-102)
#CCCC00　RGB(204-204-0)	#669999　RGB(51-153-153)

10.8　中暗色调体现稳重

中暗色调的网站配色

　　中暗调属于暗色色彩，调入了少量黑色。此色调在保持原有色相的基础上又笼罩了一层较深的调子，显得稳重老成、严谨尊贵。

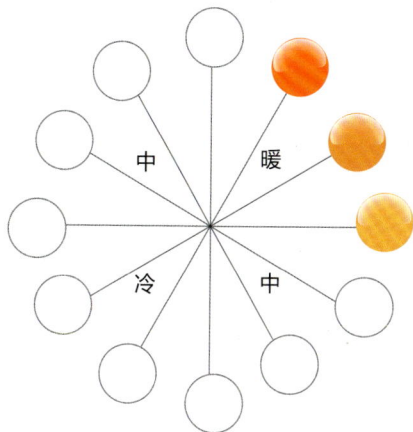

中暗色调突显稳重印象

页面中的色彩让人联想到一种怀旧的风格，显得稳重、成熟，咖啡色与黄色的加入更显页面的古老特色。

中暗色调体现稳重、深沉

　　色相的明度减少后，其鲜艳程度就会降低，整个色彩的暗度提升后，就会有一种稳定、深沉的印象。

稳重的配色

#336666	RGB(51-102-102)
#FFFFFF	RGB(255-255-255)
#999999	RGB(153-153-153)

#003366	RGB(0-51-102)
#FFFFFF	RGB(255-255-255)
#CCFF66	RGB(204-255-102)

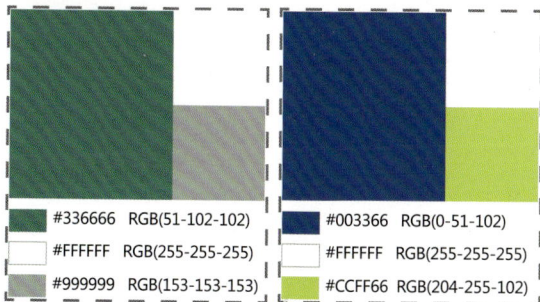

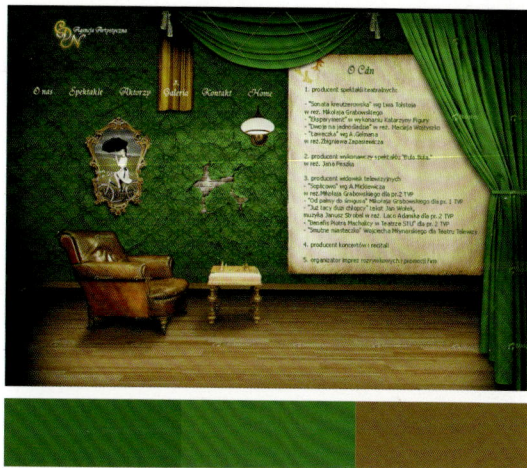

墨绿色给人以神秘、久远的感觉，透露出古典、神秘的时代气息，少量黑色的加入让页面有了一种稳重的感觉。

中暗色调体现严谨、安全

中暗色调会减少色彩的欢乐感，取而代之的是严肃和冷漠，一般运用于公司网站，可以表达一种安全生产、人文关怀的理念。

蓝色给人以稳重、理性、冷静的感觉，减少明度，整体调入少量黑色后，页面的中暗色调表现了一种安全、严谨的印象。

严谨安全的配色

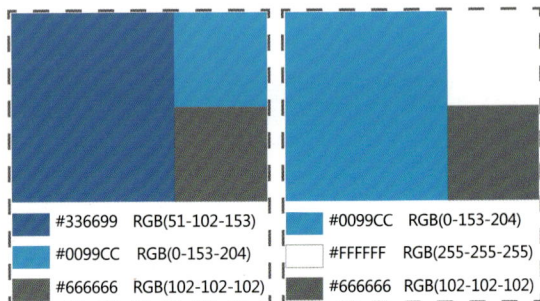

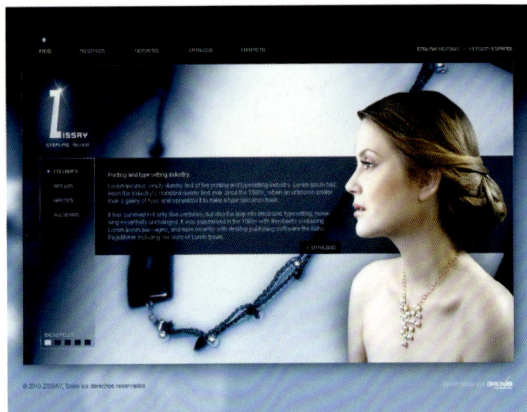

#336699　RGB(51-102-153)
#0099CC　RGB(0-153-204)
#666666　RGB(102-102-102)

#0099CC　RGB(0-153-204)
#FFFFFF　RGB(255-255-255)
#666666　RGB(102-102-102)

中暗色调明度对比突显尊贵高雅

中暗色调可以在页面中与明度较高的色彩形成对比，突显网页的一种深邃和优雅，与暖色作对比让人有一种庄重、尊贵的印象。

背景色彩的明暗过渡体现了页面的一种稳重与严谨，整体的中暗金属色调突显了页面的庄重与尊贵感。

深邃优雅的配色

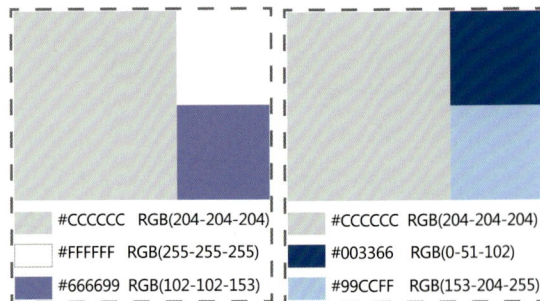

#CCCCCC　RGB(204-204-204)
#FFFFFF　RGB(255-255-255)
#666699　RGB(102-102-153)

#CCCCCC　RGB(204-204-204)
#003366　RGB(0-51-102)
#99CCFF　RGB(153-204-255)

10.9　暗色调体现深沉

暗色调的网站配色

　　暗色调加入了大量黑色，形成浓浓的深色调，隐约略显各色的色相，暗色调在配色中多表现出深沉、坚实、冷静、庄重的气质。

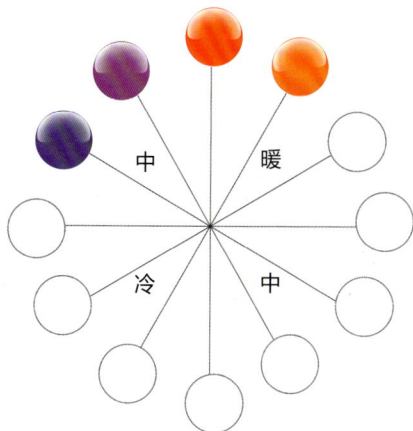

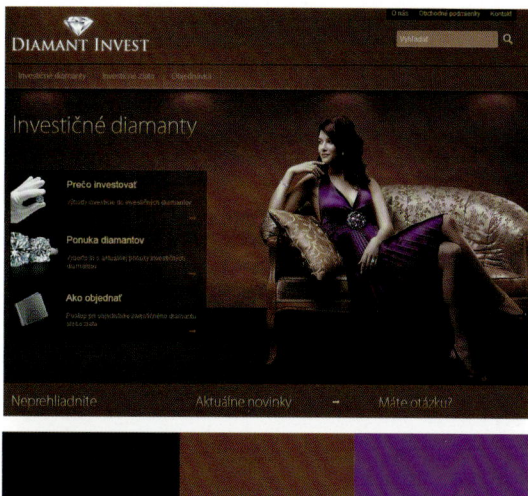

暗色调突出庄重、高贵

页面中大面积的棕色给人以庄重、典雅的感受，人物衣服的紫色又增添了页面的高贵与奢华感。

暗色调营造老练、怀旧的环境

　　选用一些低明度色相以后，调入不等数量的黑色或深白色可以加深深色的倾向，营造出一种老练与怀旧的氛围。

老练的配色

#999999　RGB(153-153-153)
#CCCCCC　RGB(204-204-204)
#333333　RGB(51-51-51)

#003366　RGB(153-153-153)
#FFFFFF　RGB(255-255-255)
#CCFF66　RGB(51-51-102)

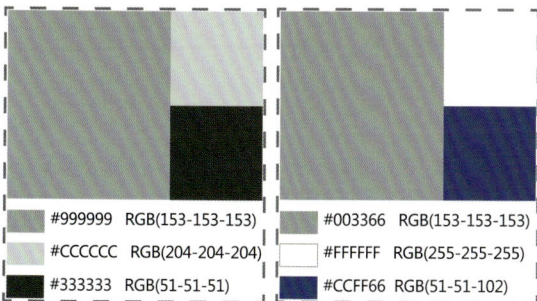

纯度较高的灰色作为页面背景体现了男人的一种深沉与稳健，暗黄色与深红色的运用又表现了页面的怀旧与老练风格。

189

页面背景的深色给人一种压迫与紧张感，让人有一种喘不过气的感受，整体颜色的明度低、纯度高，让人有一种强硬的印象。

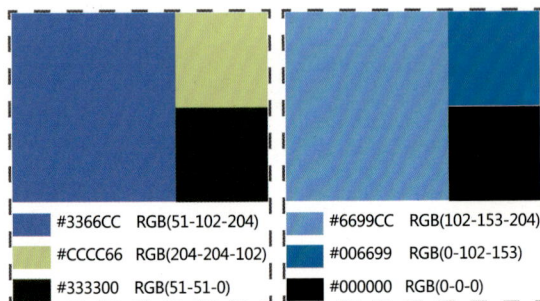

蓝紫色的背景颜色给人一种尊贵、典雅的感受，网页内容中的橘黄色和绿色的搭配又使整个页面充满活泼与生机。

暗色调营造强硬、紧张的氛围

暗色调的大面积使用经常给人以压迫和紧张感，男性化色彩更强势一点，整体页面会变得强硬、坚实、沉重，在网页配色中可以传达一种力量、强势的印象。

坚硬的配色

#3366CC	RGB(51-102-204)
#CCCC66	RGB(204-204-102)
#333300	RGB(51-51-0)

#6699CC	RGB(102-153-204)
#006699	RGB(0-102-153)
#000000	RGB(0-0-0)

暗色调明度降低突显古雅

蓝紫色给人一种尊贵、高尚的印象，在色相中加入黑色后，会显得整个页面充实、古雅，这种深色倾向与一些明度较高的暖色搭配，会显得页面活泼、灵动。

古雅的配色

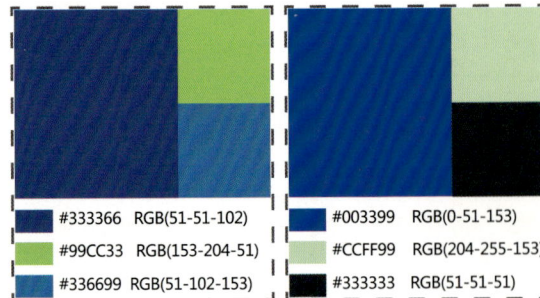

#333366	RGB(51-51-102)
#99CC33	RGB(153-204-51)
#336699	RGB(51-102-153)

#003399	RGB(0-51-153)
#CCFF99	RGB(204-255-153)
#333333	RGB(51-51-51)

第 11 章

经典网站赏析

11.1　国内网站

国内网站的设计特点

在国内，作为一个专业的网站设计师，所要负责的工作是整个网站的 VI 形象策划和包装工作，有时还包括整个网站的策划和制作。这对网站设计师的要求就更加苛刻，他们应该是思想、技术和艺术的结合体，能够充分理解公司网站建设的目标和整个网站的策划思路。

在这种全局的思想下，作为一个网页设计师，还应能够熟练运用网页的制作技术和专业的网络语言，对一个网站的 VI 色彩进行合理定位，对不同网站的内容进行正确分布，保持网站的主题性和延续性，能够使客户在打开网页时，即被快速吸引，并轻松地访问。随着网页技术的发展和网页设计思想的持续更新，许多网站技术层面的人员和平面、三维、广告策划的人员开始向网站设计层面转型的越来越多，网站设计呈现出更多优秀的设计思想，更多元化的表现形式。

一般来说，国内优秀的网页设计师分为两种类型，一是从事艺术出身并能够通过网页来表达自己的丰富设计理念；二是通过借鉴国外的设计风格来寻找自己的独特设计灵感。总的来说，国内网站的设计比较注重美观，页面色彩丰富，且以风格漂亮为主。

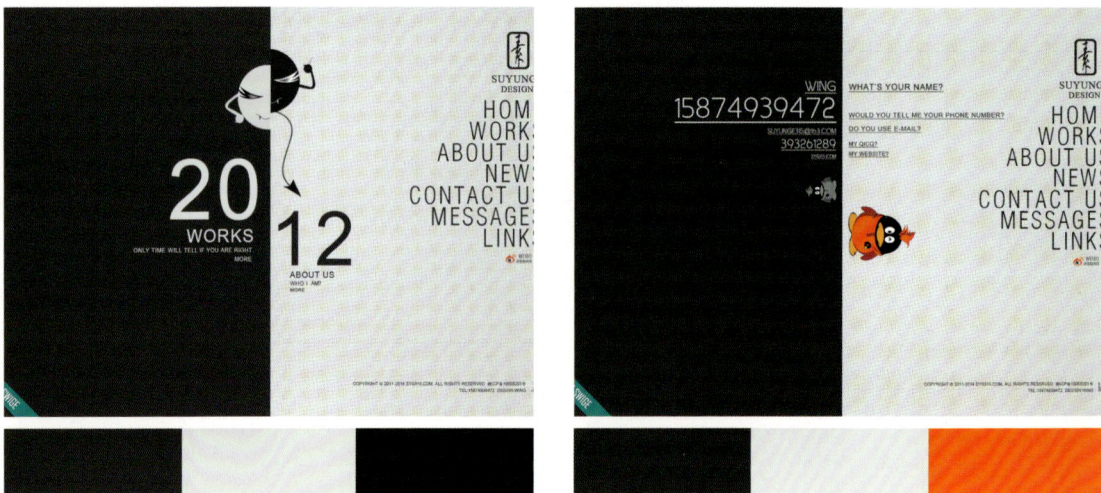

网站地址：http://syg315.com/

国内个人博客网站。博客是一个展现个性的平台，该博客网站是一个关于设计的网站，使用黑白两色的对比作为网站的背景，给人一种宁静、素雅的印象，对比不是很强烈，黑白配色的面积各占页面的一半，给人一种协调、稳定感。

　　汽车官方网站。网站首页使用了 Flash 动画为浏览者呈现了良好的视觉效果，背景使用了颜色较深的黑暗色调，汽车车体的颜色色彩的明暗度变化很好地刻画了光线的层次感，酷感十足，内页的背景使用了灰色调很好地衬托了汽车这一主题。

　　网站的首页背景使用了高亮的红色，给人一种喜庆、兴奋的感觉，既突显了一种节日氛围，又将产品的颜色结合在一起，金黄色的字体在红色背景下显得更加鲜艳，突出了活动的主题。

网站地址：http://www.adidasevent.com/adipowerhoward2/

网站首页使用纯度较高的蓝色和黑色来营造一种冷酷、压迫的氛围，邻近色蓝绿色在页面中间的修饰既塑造出页面的层次性，又保持了页面的统一，红色背景的文字成为视觉焦点，突出了网页的主题。

网站地址：http://bbcream.mamonde.com.cn/

粉红色给人一种浪漫、可爱、温馨的感受，此网页背景使用了明度较高的粉红色，布局简洁、整齐，整体给人一种轻柔、无刺激的印象，黑色和灰色这样的辅助色加入，与页面搭配自然，为页面增添了一份庄重与大方。

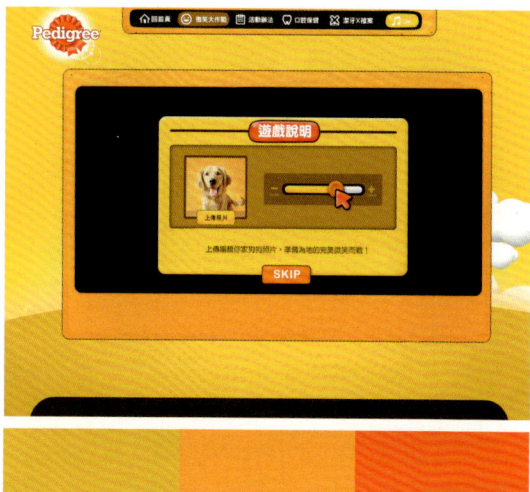

网站地址：http://pedigree.com.tw/

　　网站首页使用了黄色作为背景，让人充满欢乐和愉悦，不同明度的黄色将页面分割成不同区域块，红色的文字格外显眼，起到了突出主题的作用，次页内容区使用了橙色和黑色与背景黄色进行了隔离，层次明显且具有统一性。

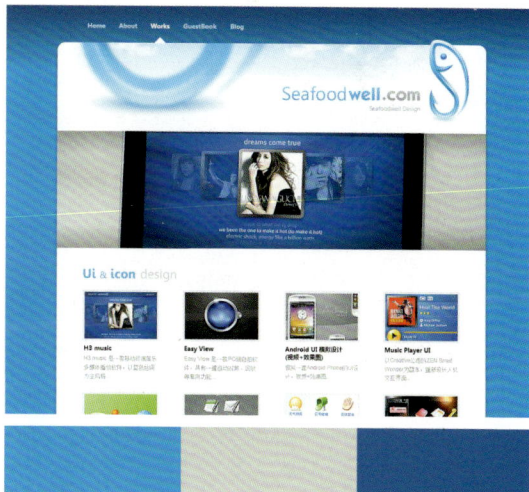

网站地址：http://www.seafoodwell.com/

　　蓝色代表一种专业和理性，此网站的首页采用了深蓝色向浅蓝色渐变的一种背景，体现出一种时尚感和科技感，次页轮换图片区域使用了纯度较高的灰色，在页面中形成焦点，次页其他内容的分类排列给人一种整齐和舒适感。

11.2 韩国网站

韩国网站的设计特点

韩国的网站从页面布局结构上来说比较简单、风格比较统一，顶部的左边是网站的 Logo，右边是网站的导航栏。和国内网站有所区别的是，在制作菜单栏时，很少采用下拉效果，而是非常直观地将各级栏目下的内容放到导航栏的下面。

随后就是制作一个大面积的 Flash 动画来展现网站主题，再往下就是各个小栏目及网站的主要内容等，文字编排的可读性，细节的处理等都使韩国网站看上去精美而又有所不同。

韩国设计师有很多都是科班出身，在网页的色彩运用上非常得当。可能在我们看来非常难看的颜色到了他们的手里会很轻易地搭配出一种很另类或很诙谐的美感。

韩国的各个栏目一般都比较喜欢采用不同的色调来表达不一样的主题，灰色是在韩国网站上最常见的颜色，因为灰色比较中庸，和任何色彩搭配，都不会显得突出，大大改变了色彩的韵味，令对比更强烈，正文文字也大都采用灰色。而在网页的局部部分则喜欢采用色彩绚丽的色条和色块来区分不同的栏目。

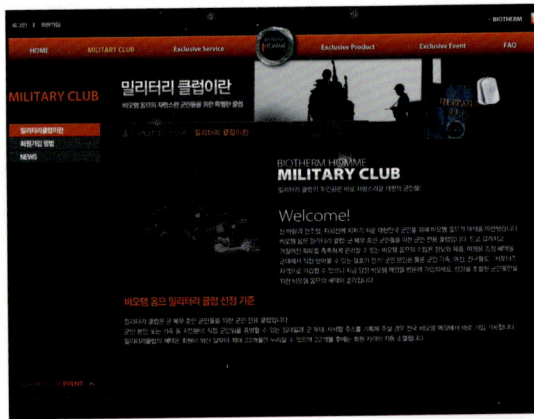

网站地址：http://www.biotherm.co.kr/militaryclub/

此网站背景色彩较重，黑色和红色纯度较高，运用不同明度的黑色营造出一种强硬、神秘的氛围，很好地展现出男人的一种冷酷、沉着的风采，页面中间的红色色块高亮、鲜艳，与隐秘的黑色形成视觉上的强烈对比，突出产品的同时，给人以视觉兴奋感。

网站地址：http://www.haruyachae.co.kr/

　　网站首页色彩种类虽多，但控制较均衡，红色和橙色的所占面积相对较小，不容易察觉，起到了很好的点缀作用，明度较高的绿色背景给人一种健康、清新的自然气息，与紫色的搭配给人一种典雅、尊贵的感受，总体呈现一种健康、享受、活力的氛围。

网站地址：http://olatte.donga-otsuka.co.kr/

　　蓝色让人联想到大海和天空，会给人一种理性和冷静的感受，网站首页在使用蓝色时比较分散，减少了大片蓝色所带给浏览者的严肃、不易亲近的印象，再加上白色的中和，会带给人一种清凉和冰爽的感受，网站从整体上给人一种简洁、明快的氛围。

网站地址：http://www.ildong.com/arona/fruit/

整个网站大部分都使用了暖色系进行配色，给人一种温暖、成熟的味道，首页背景使用了鲜艳的黄色。黄色给人以新鲜、活力的印象，加上红色条幅式的图片装饰使整个页面充满活力与动感。

网站地址：http://indianocean.koreanair.com/

网站在配色上使用非常谨慎，需要突出的信息部分都使用了高亮的红色和蓝绿色以及纯度较高的蓝色和黑色，但占据页面的面积过小，对网页的整体色彩不构成影响，保持了页面的一种时尚与清新。

网站地址：http://www.outback.co.kr/

网站首页的背景色调偏暗，这与前景内容中鲜亮的黄色和红色形成对比，突出了网页的主题，深棕色的背景给人一种深沉、久远的感觉，突出了餐厅深厚的文化底蕴，网站次页的黄色和红色具有强烈的宣传效果，让人产生兴奋与购买欲望。

网站地址：http://www.hera.co.kr/event/20100820/launcher.jsp

紫色具有强烈化的女性性格，给人一种浪漫、高贵的印象，在化妆品的网站上很是多见，在此网站中，页面背景仅仅使用了明度极高的紫色，让人有一种淡雅、清澈的感受，在拥有高贵、浪漫的同时，也让人体会到一种大方、朴素的内涵。

11.3 欧美网站

欧美网站的设计特点

网络在欧美发达国家的发展历史可以说是源远流长，所以欧美的网站无论是在设计风格和制作技术上都形成了自己的独特理念。很多欧美风格的网站都是以简单、直观的形式展现出网站的内容，如同欧美人的性格一样，网站风格通常大气而美观。

欧美国家的网站通过若干年的发展，网站设计已经从简单的文字排列发展到现在可以与企业CI系统相统一和融合，并且进行局部的夸张和突出显示，形成了自己的鲜明风格。欧美网站比较直观，不管是内容还是图像的表现形式上，都能让人一目了然。欧美网站中还有很多现代感十足的网站，将图像与文字很好地结合，并应用很多网页技术来实现所要制作的特效。

国内许多设计师对欧美的网站褒贬不一，有的人认为欧美网站在制作上太过于粗糙，不像韩国网站注重对于细节的处理；也有人认为欧美网站经过多年的沉淀，了解了浏览者的习惯和心理，更能突出网站的视觉效果和内容。当然，设计人员需要浏览大量不同类型的网站，寻找到欧美网站中独具个性的特点，学习色彩的合理搭配和结构的合理安排。

网站地址：http://www.eldonsignshop.com/

网页色调纯度较高，对比度明显，整体给人一种新鲜感和创意感，背景中绿色和黑色明度从上往下不断提高，而前景内容中的棕色和绿色明度变化刚好与背景相反，整体层次感强，内容主次分明，设计上精致而富有创意。

网站地址：http://www.medenosrce.rs/

网站首页中整体色调偏暗，中间文字部分的明度高于四周，起到了强调中心的作用，整体给人一种浓厚、前卫、不拘一格的印象。网站的次页色彩较多，但色调基本一致，整体协调、统一，布局随意，互动性强。

网站地址：http://www.beckett.net/

整体网站以橙色为主，给人鲜活的印象，首页菜单栏和主题图片都由黄色和绿色搭配完成，绿色的加入和点缀为网页注入了一股清新与自然，突出了网页中产品的新鲜感，还在不同区域的连接处使用了阴影加以区分和隔离，增强了整个网页的立体感。

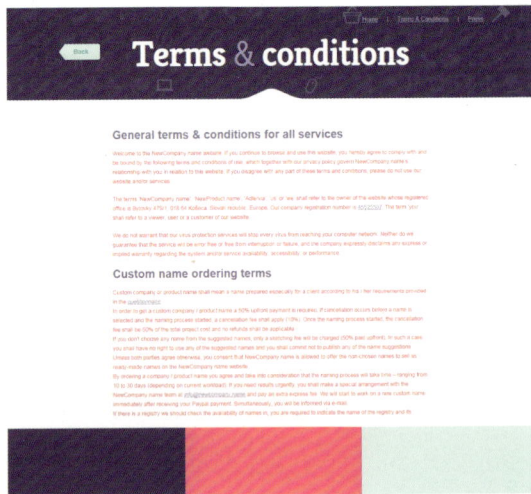

网站地址：http://www.avispl.com/

网页整体简洁、整齐、对称，字体与字号的设置让人一目了然，首页背景使用了明度较低的紫色，给人一种前卫、创新的感觉，在前景内容中分别使用了不同小面积色彩进行点缀，避免了色彩过于深沉的缺点，次页的红色字体反映了网页的一种时尚感与新颖感。

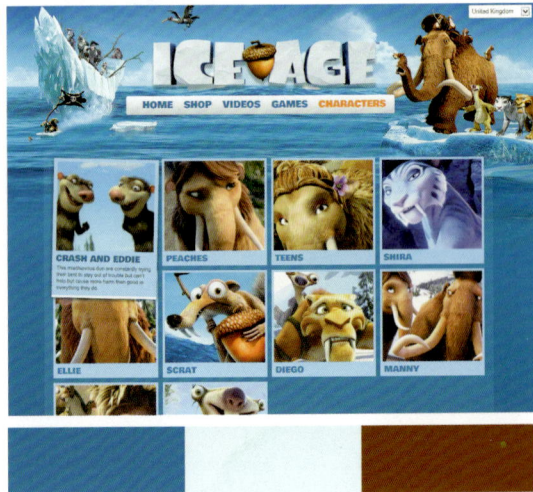

网站地址：http://www.iceagemovie.com/walktheplank

网站使用海水的蓝色、蓝绿色和冰川的白色来完成网页背景的配色，整体给人一种寒冷的印象，但前景内容在选择图片上使用了大量色彩进行点缀，如棕色、黄色和灰色等。图片占据了页面的大部分面积，使网页充满欢乐和喧闹。